JN308384

第1・2種電気工事士のための
やさしい数学

石橋　千尋　著

電気書院

［本書の正誤に関するお問い合せ方法は，最終ページをご覧ください］

まえがき

　本書は第1・2種電気工事士筆記試験に合格するために必要な数学にまとを絞って，できるだけわかりやすく解説をすることを目的として書きあげたものです．

　このため，過去に出題された問題についてそれを解くための数学的パターンを分析し，代表的な問題とともに示すこととしました．

　したがって，一般の数学書と異なり，実際に出題された問題をとりあげながら，それを解くために必要な数学的知識を解説する内容となっています．

　これにより，数学力だけでなく，第1・2種電気工事士問題を解くための電気的考え方も合わせてやさしく学習できるように工夫をしました．

　本書を活用されることにより，1人でも多くの受験者が合格することをお祈り致します．

著者

第1・2種電気工事士のための
やさしい数学　　　　　　　　　目　　次

第1章　やさしい分数
（分数と抵抗回路の計算）

1　分数って何……………………………………………………1
2　分数の足し算・引き算はどうする…………………………5
3　分数のかけ算は簡単…………………………………………12
4　分数の割り算はかけ算に直せ………………………………14
5　分数の仕上げは繁分数………………………………………15
6　抵抗回路計算にチャレンジ…………………………………17

第2章　2乗の計算
（2乗の計算と回路の消費電力）

1　RI^2の計算はどうする………………………………………25
2　交流回路の電力計算にチャレンジ…………………………26
3　電線の断面積計算はどうする………………………………28
4　電線の抵抗計算にチャレンジ………………………………30

第3章　やさしいルート計算
（ルートの計算とインピーダンス）

1　ルートの計算って何…………………………………………33
2　ルートの入った計算はどうする……………………………34

| 3 | インピーダンスって何……………………………… *36* |
| 4 | 三相交流計算にもチャレンジ……………………… *41* |

第4章　やさしい文字式の計算
（文字式による倍数の計算）

1	文字式って何……………………………………… *47*
2	文字を使って式を表してみよう………………… *49*
3	倍数計算にチャレンジ…………………………… *54*

第5章　やさしい指数の計算
（指数と単位の換算）

1	指数って何……………………………………… *58*
2	指数の計算公式………………………………… *59*
3	単位を換算してみよう………………………… *61*
4	応用問題にチャレンジ………………………… *63*

第6章　やさしい方程式
（方程式と未知の抵抗計算）

1	方程式って何…………………………………… *66*
2	移項って何……………………………………… *69*
3	未知抵抗を求めてみよう……………………… *70*
4	いろいろな方程式問題にチャレンジ………… *75*

5 やさしい二次方程式……………………………………… *78*

第7章　やさしい三角関数
（三角関数と力率計算）

1 三角関数って何………………………………………… *81*
2 ピタゴラスの定理って何……………………………… *83*
3 力率はなぜ $\cos\theta$ って書くの ……………………………… *85*
4 交流回路の電流の合成は……………………………… *88*
5 三角関数と電圧降下…………………………………… *90*

　練習問題の解答　……………………………… *96*

第1章 やさしい分数
（分数と抵抗回路の計算）

1 分数って何

計算問題には分数の計算がよくでてきますが，まずはじめに分数とは何か説明してください．

第2種電気工事士の試験では分数の計算がいたるところにでてきます．

代表的な例が第1図に示すような抵抗を並列につないだ場合の合成抵抗を求める計算です．

第1図の合成抵抗 R は，

$$R = \frac{3 \times 4}{3+4} = \frac{12}{7} \,[\Omega]$$

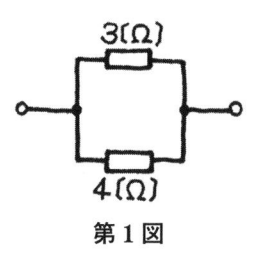

第1図

のように分数で計算されますが，まず分数の学習をスタートするにあたり，分数とはどのような数か復習しておきましょう．

いま，$\frac{2}{3}$ という分数を例にとると，この分数は次の2つの意味を表します．

(1) **大きさ1のものを等しく3つに分けたときの2つ分の大きさ．**

たとえば，第2図のように1〔Ω〕の大きさの抵抗を等し

く3つに割ったときの2つ分の抵抗が $\frac{2}{3}$ 〔Ω〕となります．

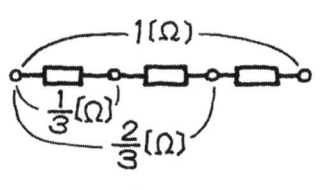

第2図

(2) 2÷3という小数の値をもつ数

2÷3を電卓で計算すると，

$2 \div 3 = 0.6666\cdots$

となって，最後まで正しく書くことができませんが，

$2 \div 3 = \frac{2}{3}$

とすれば，非常にスッキリした数となります．

たとえば，第3図のように，ある抵抗に2〔V〕の電圧をかけた場合に3〔A〕の電流が流れると，この抵抗は，

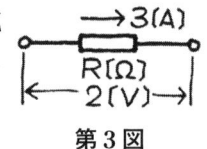

$R = 2 \div 3 = 0.666\cdots$ 〔Ω〕

と計算されますが，

$R = 2 \div 3 = \frac{2}{3}$ 〔Ω〕

第3図

として表すこともできます．

分数を学習すると，約分（やくぶん）という言葉が出てきますが，これはどんな計算をすることか説明してください．

約分について説明する前に，分数の性質について考えてみましょう．

分数は $\frac{\triangle}{\square}$ の形をとり，下の□にあてはまる数を**分母**（ぶんぼ），上の△にあてはまる数を**分子**（ぶんし）と呼びます．

さて，分数の重要な性質の1つは，

分母・分子に同じ数をかけてもその分数は変わらない

$$\frac{\triangle}{\square} = \frac{\triangle \times \bigcirc}{\square \times \bigcirc}$$

というものです．簡単な例で示すと，

$$\frac{2}{3} = \frac{2 \times 2}{3 \times 2} = \frac{4}{6} \quad (\text{分母・分子に2をかけてみました．})$$

$\dfrac{2}{3} = \dfrac{4}{6}$ という式は，第4図のように，1〔Ω〕の抵抗を3つに割った2つ分と，6つに割った4つ分が同じものとなると考えるとわかりやすいでしょう．

第4図

次にこれを逆に考えると，

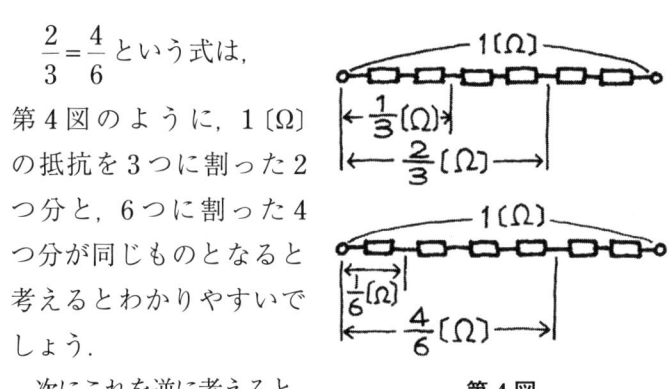

$$\frac{4}{6} = \frac{4 \div 2}{6 \div 2} = \frac{2}{3}$$

となり，

分母・分子を同じ数で割ってもその分数は変わらない

$$\frac{\triangle}{\square} = \frac{\triangle \div \bigcirc}{\square \div \bigcirc}$$

というもう1つの分数の重要な性質が導かれます．

この性質を使うと，たとえば，$\dfrac{25}{125}$ という分数について，

$$\frac{25}{125} = \frac{25 \div 5}{125 \div 5} = \frac{5}{25} \quad \left(\begin{array}{l}\text{まず，分母・分子を}\\ \text{5で割りました．}\end{array}\right)$$

$$\frac{5}{25} = \frac{5 \div 5}{25 \div 5} = \frac{1}{5} \qquad \left(\begin{array}{l}\text{もう一度，分母・分子を}\\\text{5で割りました．}\end{array}\right)$$

のように計算をすることができ，$\dfrac{25}{125}$ という分数を $\dfrac{1}{5}$ という非常にスッキリした分数に直すことができます．

このように，分母・分子を同じ数で割って，

$$\frac{25}{125} = \frac{1}{5}$$

というように，できるだけ簡単な分数に書き直す計算をすることを**約分**するといいます．

〈約分のテクニック〉

約分をするときには，"分母・分子がどんな数で割り切れるか"と考えることから始まりますが，次のことを覚えておくと役に立ちます．

(1) 下1ケタが偶数（0，2，4，6，8）で終わる数は2で割り切れる．

〔例〕18……8は偶数だから，18÷2＝9と2で割り切れる．

(2) 下1ケタが0か5で終わる数は5で割り切れる．

〔例〕25……下1ケタが5であるので25÷5＝5と5で割り切れる．

(3) 各ケタの数字を加え合わせた合計の数が3で割り切れるとき，元の数は3で割り切れる．

〔例〕126……1＋2＋6＝9となって3で割り切れるので，126÷3＝42と3で割り切れる．

ここが重要！

(1) **分数の意味**

$\dfrac{△}{□}$ という分数は，次の2つの意味をもちます．

(ア) 1つのものを等しく□個に割ったときの△個分の大きさ

(イ) △÷□という小数の値をもつ数

(2) 分数の性質

(ア) 分母・分子に同じ数をかけてもその分数は変わらない．

$$\frac{\triangle}{\square} = \frac{\triangle \times \bigcirc}{\square \times \bigcirc}$$ （ただし，かける数は0以外の数）

(イ) 分母・分子を同じ数で割ってもその分数は変わらない．

$$\frac{\triangle}{\square} = \frac{\triangle \div \bigcirc}{\square \div \bigcirc}$$ （ただし，割る数は0以外の数）

(3) 約　分

分母・分子を同じ数で割って，できるだけ簡単な分数にする計算を約分するという．

〔例〕 $\frac{25}{125} = \frac{5}{25} = \frac{1}{5}$

■ さあ！練習問題にチャレンジ

〔問1-1〕

(1) 次の分数を小数で表せ．

① $\frac{1}{2}$　② $\frac{4}{5}$　③ $\frac{4}{3}$　④ $\frac{3}{4}$　⑤ $\frac{1}{3}$

(2) 次の分数を約分せよ．

① $\frac{3}{6}$　② $\frac{2}{4}$　③ $\frac{14}{49}$　④ $\frac{2}{18}$　⑤ $\frac{12}{36}$

(3) 次の小数を分数で表せ．

① 0.1　② 0.25　③ 0.18　④ 0.05　⑤ 1.25

2　分数の足し算・引き算はどうする

分数の足し算と引き算をするときには通分（つうぶん）することが必要とされていますが，通分とはどんな計算をすることかわかりやすく説明してください．

まず，簡単な例について，2つの分数の大きさを比べる方法について考えてみましょう．

いま，第1図のように，$\frac{1}{2}$〔Ω〕と$\frac{1}{3}$〔Ω〕の2つの抵抗があるとき，どちらが，どれだけ大きいでしょうか．

第1に考えつく方法は，割り算をして，

$R_1 = 1 \div 2 = 0.5$

$R_2 = 1 \div 3 = 0.333 \cdots\cdots$

となることより，R_1の方が

$R_1 - R_2 = 0.5 - 0.333 \cdots\cdots$

$= 0.166 \cdots\cdots$〔Ω〕

第1図

だけ大きいと答を出すことですが，この方法では最後まで正しく書くことができません．

では，分数を使って，スッキリと表す方法はないものでしょうか．ヒントは，分数の重要な性質"**分母・分子に同じ数をかけてもその分数は変わらない**"にあります．

この性質を使って，

$R_1 = \dfrac{1}{2} = \dfrac{1 \times 3}{2 \times 3} = \dfrac{3}{6}$〔Ω〕

$R_2 = \dfrac{1}{3} = \dfrac{1 \times 2}{3 \times 2} = \dfrac{2}{6}$〔Ω〕

のように，R_1とR_2の分母が同じ数になるようにします．こうすると第2図のように，R_1の方が1〔Ω〕を6つに割った1つ分だけR_2より大きいことがすぐわかります．

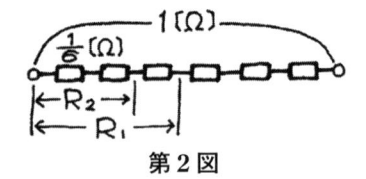

第2図

そして，大きさを比べると，

$R_1 - R_2 = \dfrac{3}{6} - \dfrac{2}{6} = \dfrac{3-2}{6} = \dfrac{1}{6}$〔Ω〕

となり，分数の差をスッキリと表すことができます．

では次に，$\dfrac{1}{2}$〔Ω〕と$\dfrac{1}{3}$〔Ω〕を直列につないだときに何オームになるか考えてみましょう．

小数で計算すると，
$$R_1 + R_2 = 0.5 + 0.333\cdots$$
$$= 0.8333\cdots\cdots \text{〔Ω〕}$$

となり，やはり最後まで正しく書くことができませんが，大きさを比べたときと同じように分母をそろえてみると，第3図から，

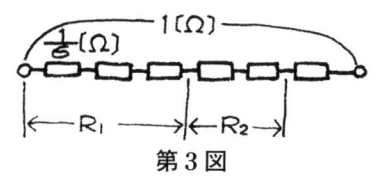

第3図

$$R_1 + R_2 \;=\; \dfrac{3}{6} \;+\; \dfrac{2}{6} \;=\; \dfrac{5}{6}\text{〔Ω〕}$$

$\begin{pmatrix}6\text{つに割っ}\\ \text{た3つ分}\end{pmatrix}\begin{pmatrix}6\text{つに割っ}\\ \text{た2つ分}\end{pmatrix}\begin{pmatrix}6\text{つに割っ}\\ \text{た5つ分}\end{pmatrix}$

となり，分数の足し算もできることがわかります．

このように，2つの分数を加え合わせたり，差をとったりするために，2つの分数の分母を同じ数に直すことを**通分**するといいます．

通分の計算の仕方と，通分すると足し算と引き算の計算ができることがわかりましたが，**具体的な例題で計算のコツを教えてください．**

では，具体的な例題をあげて，足し算と引き算をするコツをお話ししましょう．

〔例題1〕 次の足し算を計算せよ．

① $\dfrac{1}{5}+\dfrac{2}{5}$　② $\dfrac{1}{6}+\dfrac{2}{6}$　③ $\dfrac{2}{9}+\dfrac{1}{6}$　④ $2+\dfrac{1}{3}$

〔解説〕

① 2つの分数は分母が同じ数となっていますので，

$$\frac{1}{5}+\frac{2}{5}=\frac{1+2}{5}=\frac{3}{5}$$

とすぐに計算することができます．

② 同じように，

$$\frac{1}{6}+\frac{2}{6}=\frac{1+2}{6}=\frac{3}{6}$$

と計算されますが，分母・分子は3で割ることができます．
したがって，

$$\frac{1}{6}+\frac{2}{6}=\frac{3}{6}=\frac{1}{2}$$

と，約分を使ってできるだけ簡単な分数にしておきましょう．

③ 2つの分数の分母が同じ数になっていないので通分することが必要です．そこで，分母にある9と6の倍数を考えると，

		2倍	3倍	4倍	5倍	6倍
9	:	⑱	27	㊱	45	54
6	:	12	⑱	24	30	㊱

まず，18そして36が共通の倍数であることがわかります．このような共通の倍数を**公倍数**といいます．そして，一般的には，なるべく簡単な分数で計算するために，いちばん小さな公倍数（これを最小公倍数といいます）の18で通分して，

$$\frac{2}{9}+\frac{1}{6}=\frac{4}{18}+\frac{3}{18}=\frac{7}{18}$$

と計算します．

ただし，最小公倍数が最初からピンとこない場合もあります．そのような場合には，まず互いの分母をかけ合わせた数で通分して，

$$\frac{2}{9}+\frac{1}{6}=\frac{2\times 6}{9\times 6}+\frac{1\times 9}{6\times 9}=\frac{12}{54}+\frac{9}{54}=\frac{21}{54}$$

とし，次に約分して簡単な分数になるかどうかチェックしましょう．

この問題では，$\frac{21}{54}$ は分母・分子を3で割ることができるので，

$$\frac{2}{9}+\frac{1}{6}=\frac{21}{54}=\frac{7}{18}$$

となって，最小公倍数を使った値と同じ値が得られます．

④ 2という数を

$$2=2\div 1=\frac{2}{1}$$

と考えてみましょう．すると，

$$2+\frac{1}{3}=\frac{2}{1}+\frac{1}{3}$$

となるので，分母を3で通分して，

$$2+\frac{1}{3}=\frac{2}{1}+\frac{1}{3}=\frac{2\times 3}{3}+\frac{1}{3}=\frac{6}{3}+\frac{1}{3}=\frac{7}{3}$$

と計算することができます．

〔例題2〕　次の引き算を計算せよ．

① $\frac{5}{6}-\frac{1}{6}$　② $\frac{2}{3}-\frac{1}{2}$　③ $\frac{2}{3}-\frac{3}{4}$　④ $3-\frac{3}{5}$

〔解説〕

① 分母が同じ数となっているので，

$$\frac{5}{6}-\frac{1}{6}=\frac{4}{6}$$

とすぐ計算できますが，$\frac{4}{6}$ は2で約分できるので，

$$\frac{5}{6}-\frac{1}{6}=\frac{4}{6}=\frac{2}{3}$$

まで計算しておきます．

② 互いの分母をかけ合わせた $3\times 2=6$ で通分します．

$$\frac{2}{3} - \frac{1}{2} = \frac{4}{6} - \frac{3}{6} = \frac{1}{6}$$

③ 分母を $3 \times 4 = 12$ として通分します．

$$\frac{2}{3} - \frac{3}{4} = \frac{8}{12} - \frac{9}{12} = \frac{8-9}{12} = \frac{-1}{12}$$

となりますが，一般的には－（マイナス）符号を分数の前に出して，

$$\frac{2}{3} - \frac{3}{4} = \frac{8-9}{12} = -\frac{1}{12}$$

としておきます．

④ $3 = 3 \div 1 = \frac{3}{1}$ と考えて，

$$3 - \frac{3}{5} = \frac{3}{1} - \frac{3}{5} = \frac{15}{5} - \frac{3}{5} = \frac{12}{5}$$

ここが重要！

(1) **通 分**

2つの分数の分母を同じ数にする計算を通分といいます．

これには，**"分母・分子に同じ数をかけても，その分数は変わらない"** という分数の性質を使います．

(2) **通分するときの分母の数**

通分するときは，一般に互いの分母の数の最小公倍数を用います．ただし，最小公倍数がすぐにわからないときは，互いの分母をかけ合わせた数で通分して計算し，その後で約分できるかどうか考えてみます．

〔例〕 $\frac{5}{6} + \frac{1}{4}$ を計算する場合

最小公倍数を使うと，

$$\frac{5}{6} + \frac{1}{4} = \frac{10+3}{12} = \frac{13}{12}$$

互いの分母をかけ合わせると，

$$\frac{5}{6} + \frac{1}{4} = \frac{20+6}{24} = \frac{26}{24} = \frac{13}{12}$$

(3) 分数の足し算と引き算

① 分母が同じ数の場合は，分母を共通として，分子どうしの足し算，引き算をします．

〔例〕 $\dfrac{1}{5}+\dfrac{3}{5}=\dfrac{1+3}{5}=\dfrac{4}{5}$

$\dfrac{3}{7}-\dfrac{2}{7}=\dfrac{3-2}{7}=\dfrac{1}{7}$

② 分母が異なる場合は，通分し，分母を同じにしてから計算します．

〔例〕 $\dfrac{2}{3}-\dfrac{1}{5}=\dfrac{2\times 5}{3\times 5}-\dfrac{1\times 3}{5\times 3}$

$=\dfrac{10}{15}-\dfrac{3}{15}=\dfrac{10-3}{15}=\dfrac{7}{15}$

◆ さあ！練習問題にチャレンジ

〔問 1 - 2〕

(1) 次の分数式を計算せよ．

① $\dfrac{1}{3}+\dfrac{1}{5}$　② $\dfrac{1}{2}-\dfrac{1}{3}$　③ $\dfrac{1}{4}-2$　④ $1+\dfrac{1}{4}$　⑤ $\dfrac{1}{2}+\dfrac{1}{8}$

(2) いま，$\dfrac{2}{3}$〔Ω〕の抵抗Aと，$\dfrac{3}{4}$〔Ω〕の抵抗Bの2つの抵抗がある．次の問に答えよ．

①　A，Bどちらの抵抗がどれだけ大きいか．

②　AとBの抵抗を直列につないだときの合成の抵抗はいくらとなるか．

A ○—▭—○　$\dfrac{2}{3}$Ω

B ○—▭—○　$\dfrac{3}{4}$Ω

3 分数のかけ算は簡単

分数のかけ算は，足し算や引き算と比べると非常に簡単とのことですが，かけ算の公式とその使い方を教えてください．

分数の足し算，引き算では通分が必要でしたが，かけ算はそのような計算はしなくてもよく，次の公式だけを覚えておけば簡単に計算できます．

> 分数のかけ算では，分母は分母どうしのかけ算，分子は分子どうしのかけ算とする．
>
> $$\frac{\bigcirc}{\square} \times \frac{\bullet}{\blacksquare} = \frac{\bigcirc \times \bullet}{\square \times \blacksquare}$$
>
> 〔例〕 $\dfrac{2}{3} \times \dfrac{1}{5} = \dfrac{2 \times 1}{3 \times 5} = \dfrac{2}{15}$

では例題で，かけ算のトレーニングをしてみましょう．

〔例題〕 次のかけ算を計算せよ．

① $\dfrac{5}{6} \times \dfrac{1}{3}$ ② $2 \times \dfrac{2}{5}$ ③ $\dfrac{1}{4} \times 3$ ④ $\dfrac{3}{4} \times \dfrac{2}{3}$

〔解説〕

① 公式にしたがって，次のように計算できます．

$$\frac{5}{6} \times \frac{1}{3} = \frac{5 \times 1}{6 \times 3} = \frac{5}{18}$$

② $2 = 2 \div 1 = \dfrac{2}{1}$ と考えて，

$$2 \times \frac{2}{5} = \frac{2}{1} \times \frac{2}{5} = \frac{2 \times 2}{1 \times 5} = \frac{4}{5}$$

と計算できます．

慣れてきたら，次のように計算しましょう．

$$2 \times \frac{2}{5} = \frac{2 \times 2}{5} = \frac{4}{5}$$

③ ②と同じように，$3 = 3 \div 1 = \frac{3}{1}$ と考えて，

$$\frac{1}{4} \times 3 = \frac{1}{4} \times \frac{3}{1} = \frac{1 \times 3}{4 \times 1} = \frac{3}{4}$$

と計算します．慣れてきたら，

$$\frac{1}{4} \times 3 = \frac{1 \times 3}{4} = \frac{3}{4}$$

と計算しましょう．

④ 公式にしたがって，

$$\frac{3}{4} \times \frac{2}{3} = \frac{3 \times 2}{4 \times 3} = \frac{6}{12}$$

となりますが，これは6で約分できるので，

$$\frac{3}{4} \times \frac{2}{3} = \frac{6}{12} = \frac{1}{2}$$

となるまで計算をしておきます．

ここが要！ 分数のかけ算は，分母は分母どうしのかけ算，分子は分子どうしのかけ算とする．

$$\frac{\bigcirc}{\square} \times \frac{\bullet}{\blacksquare} = \frac{\bigcirc \times \bullet}{\square \times \blacksquare}$$

● さあ！練習問題にチャレンジ

〔問1-3〕

① $\dfrac{2}{3} \times \dfrac{1}{4}$　② $\dfrac{3}{5} \times 3$　③ $\dfrac{4}{3} \times \dfrac{1}{2}$　④ $\dfrac{4}{9} \times \dfrac{3}{4}$

⑤ $\dfrac{5}{2} \times \dfrac{2}{5}$　⑥ $4 \times \dfrac{1}{2}$　⑦ $\dfrac{1}{12} \times \dfrac{24}{5}$　⑧ $\dfrac{5}{7} \times \dfrac{14}{3}$

4 分数の割り算はかけ算に直せ

分数の割り算はかけ算に直すと簡単に計算できるとのことですが,その計算の要領について教えてください.

そのとおり.分数のかけ算がわかれば割り算は簡単にマスターできます.まず,次の公式を覚えましょう.

(1) $\dfrac{○}{□} \div △ = \dfrac{○}{□} \times \dfrac{1}{△}$ 〔例〕 $\dfrac{2}{3} \div 4 = \dfrac{2}{3} \times \dfrac{1}{4} = \dfrac{1}{6}$

(2) $\dfrac{○}{□} \div \dfrac{●}{■} = \dfrac{○}{□} \times \dfrac{■}{●}$ 〔例〕 $\dfrac{2}{3} \div \dfrac{3}{5} = \dfrac{2}{3} \times \dfrac{5}{3} = \dfrac{10}{9}$

(3) $▲ \div \dfrac{●}{■} = ▲ \times \dfrac{■}{●}$ 〔例〕 $3 \div \dfrac{1}{4} = 3 \times 4 = 12$

このように,割る数の分母と分子を逆にすればかけ算に直すことができます.では,例題で,割り算のトレーニングをしてみましょう.

〔例題〕 次の割り算を計算せよ.

① $\dfrac{5}{6} \div 3$ ② $2 \div \dfrac{2}{5}$ ③ $\dfrac{1}{4} \div \dfrac{2}{3}$ ④ $\dfrac{3}{4} \div \dfrac{2}{3}$

〔解説〕

① $\dfrac{5}{6} \div 3 = \dfrac{5}{6} \times \dfrac{1}{3} = \dfrac{5}{18}$

② $2 \div \dfrac{2}{5} = 2 \times \dfrac{5}{2} = 5$

③ $\dfrac{1}{4} \div \dfrac{2}{3} = \dfrac{1}{4} \times \dfrac{3}{2} = \dfrac{3}{8}$

④ $\dfrac{3}{4} \div \dfrac{2}{3} = \dfrac{3}{4} \times \dfrac{3}{2} = \dfrac{9}{8}$

ここが重要！ 分数の割り算は，割る数の分母と分子を逆にしてかけ算に直します．

$$\frac{\bigcirc}{\square} \div \frac{\bullet}{\blacksquare} = \frac{\bigcirc}{\square} \times \frac{\blacksquare}{\bullet}$$

● さあ！練習問題にチャレンジ

〔問1-4〕

① $\dfrac{2}{3} \div \dfrac{1}{4}$ ② $\dfrac{3}{5} \div 3$ ③ $\dfrac{4}{3} \div \dfrac{1}{2}$ ④ $\dfrac{4}{9} \div \dfrac{2}{3}$

⑤ $4 \div \dfrac{1}{2}$ ⑥ $\dfrac{5}{12} \div \dfrac{1}{5}$ ⑦ $\dfrac{7}{9} \div \dfrac{7}{18}$ ⑧ $\dfrac{1}{6} \div 6$

5 分数の仕上げは繁分数

教えて！ 繁分数（はんぶんすう）とはどんな分数ですか．また，その計算の仕方を教えてください．

次の節で勉強する内容ですが，第1図のような回路で流れる電流 I は，

$$I = \frac{V}{R_1 + \dfrac{R_2 R_3}{R_2 + R_3}} \ [\text{A}]$$

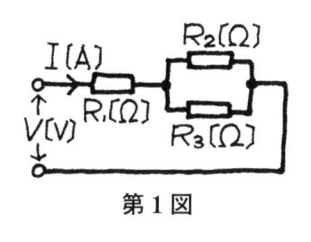

第1図

の式で求まります．このように，分母や分子がさらに分数を含んだ式となっている分数を**繁分数**といいます．

繁分数を計算する場合は，分数を含んだ分母や分子をまず計算します．

たとえば，第2図の回路に流れる電流 I は，

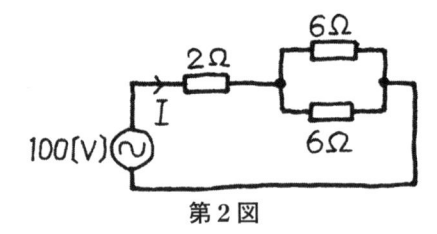

$$I = \frac{100}{2+\dfrac{6\times 6}{6+6}} \text{[A]}$$

となるので，まず分母だけを計算すると，

$$\text{分母} = 2+\frac{6\times 6}{6+6} = 2+\frac{36}{12} = 5$$

となるので，これを元の式に入れて，

$$I = \frac{100}{5} = 20 \text{[A]}$$

となります．

ここが重要！ 分数の分母・分子の一方，あるいは両方がさらに分数を含んだ式となっている分数を繁分数という．繁分数の計算では，分数を含んだ分母や分子を先に計算する．

● さあ！練習問題にチャレンジ

〔問1-5〕 次の分数を計算せよ．

① $\dfrac{3}{1+\dfrac{1}{2}}$ ② $\dfrac{100}{5+\dfrac{6\times 3}{6+3}}$ ③ $\dfrac{1}{\dfrac{1}{5}+\dfrac{1}{10}}$

④ $\dfrac{1}{3+\dfrac{1}{2}} \times \dfrac{1}{4}$ ⑤ $\dfrac{100}{3+\dfrac{4\times 2}{4+2}} \times 3$

6 抵抗回路計算にチャレンジ

分数の計算の要領がわかってきましたが，実際に出題される問題についてどう使えばよいのかをやさしい例で説明してください．

分数を使う計算の手はじめに，オームの法則と合成抵抗について説明しておきましょう．

第1図の回路で R 〔Ω〕に流れる電流を I 〔A〕とすれば，

$$V〔V〕= I〔A〕\times R〔Ω〕$$

の関係があります．これを**オームの法則**といいます．

したがって，第2図の回路では，

$$100 = I \times 50 \quad (1)$$

(1)式の両辺を 50 で割ると，

$$\frac{100}{50} = \frac{I \times 50}{50}$$

$$\therefore \quad I = \frac{100}{50} = 2〔A〕$$

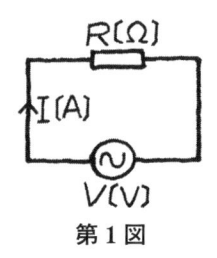

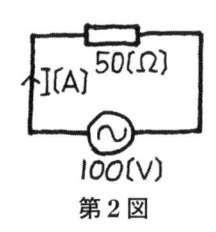

と流れる電流が計算されます．

では，第3図の抵抗 R_1〔Ω〕と R_2〔Ω〕が直列につながれた回路では，流れる電流はどのように計算すればよいのでしょうか．

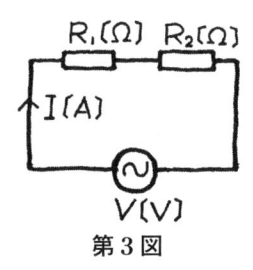

流れる電流を I〔A〕とすると，第4図のようにオームの法則から，R_1〔Ω〕には，

$$V_1 = IR_1 \text{〔V〕}$$

R_2 には，

$$V_2 = IR_2 \text{〔V〕}$$

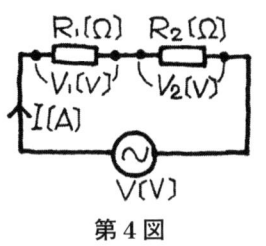

の電圧が加わり，V_1 と V_2 の和が V〔V〕となるので，

$$\begin{aligned} V &= V_1 + V_2 \\ &= IR_1 + IR_2 \\ &= I(R_1 + R_2) \end{aligned} \qquad (2)$$

の関係が成り立ちます。

(2)式の両辺を $(R_1 + R_2)$ で割ると，

$$\frac{V}{R_1 + R_2} = \frac{I(R_1 + R_2)}{R_1 + R_2}$$

$$\therefore \quad I = \frac{V}{R_1 + R_2} \qquad (3)$$

の計算で電流が求まります。

(3)式からわかるようにこの電流は，第5図のように，$R(=R_1+R_2)$〔Ω〕の抵抗が1つある場合と同じ電流となります。したがって，第3図のような，R_1〔Ω〕と R_2〔Ω〕が直列につながれた回路では，まず R_1〔Ω〕と R_2〔Ω〕を加え合わせ，

$$R = R_1 \text{〔Ω〕} + R_2 \text{〔Ω〕}$$

を計算して，次にこの R で電圧を割れば，流れる電流が計算できます。

$$I \text{〔A〕} = \frac{V}{R} = \frac{V}{R_1 + R_2}$$

このように，R_1〔Ω〕と R_2〔Ω〕が直列につながれた回路は，R_1〔Ω〕と R_2〔Ω〕を足した抵抗 R〔Ω〕が1つある場合

と同じ電流が流れます．これによって R_1〔Ω〕と R_2〔Ω〕の**直列回路の合成抵抗 R〔Ω〕**は，

$$R = R_1 + R_2 \text{〔Ω〕}$$

で表されることがわかります．

　この合成抵抗の考え方を使って，第6図の回路に流れる電流を求めてみましょう．

　まず，合成抵抗を求めると，

$$R = 5 + 15 = 20 \text{〔Ω〕}$$

したがって，第7図のように考えて，流れる電流は，

$$I = 100 \div 20$$
$$= \frac{100}{20} = 5 \text{〔A〕}$$

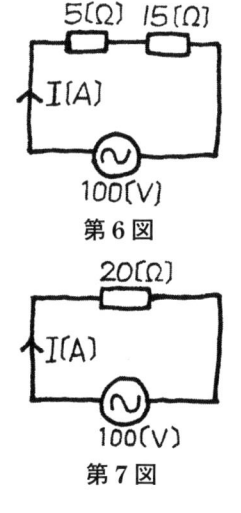

となります．

　なお，慣れてきたら，

$$I = \frac{100}{5+15} = \frac{100}{20} = 5 \text{〔A〕}$$

のように計算をすると，スピーディーに答が出せます．

　次に並列回路の計算について説明します．

　第8図で，抵抗 R_1〔Ω〕と R_2〔Ω〕の両端には，ともに V〔V〕が加わっているので，それぞれの抵抗には，

$$I_1 = \frac{V}{R_1} \text{〔A〕}$$

$$I_2 = \frac{V}{R_2} \text{〔A〕}$$

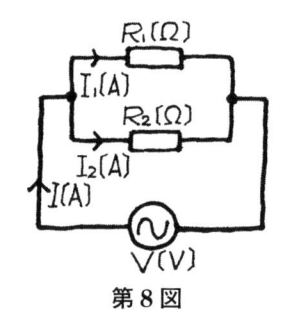

の電流が流れます．

　したがって，電源から流れ出る電流は，I_1 と I_2 の足し算で計算され，

$$I = I_1 + I_2 = \frac{V}{R_1} + \frac{V}{R_2}$$

$$= \left(\frac{1}{R_1} + \frac{1}{R_2}\right)V \qquad (4)$$

(4)式の両辺を $\left(\dfrac{1}{R_1} + \dfrac{1}{R_2}\right)$ で割ると,

$$V = \frac{I}{\dfrac{1}{R_1} + \dfrac{1}{R_2}} = \frac{I}{\dfrac{1 \times R_2 + 1 \times R_1}{R_1 \times R_2}} = I \times \frac{R_1 R_2}{R_1 + R_2}$$

と変形されます.

この式と $V = I \times R$ の式を比べると, 第9図のように, $R_1 [\Omega]$ と $R_2 [\Omega]$ が並列につながれた回路に流れる電流は,

$$R = \frac{R_1 R_2}{R_1 + R_2} [\Omega]$$

第9図

の抵抗が1つある場合と同じ電流となります. これによって, $R_1 [\Omega]$ と $R_2 [\Omega]$ の**並列回路の合成抵抗 $R [\Omega]$** は,

$$R = \frac{R_1 R_2}{R_1 + R_2} [\Omega]$$

で表されることがわかります.

したがって, 第10図の例では, 合成抵抗 R は,

$$R = \frac{50 \times 25}{50 + 25} = \frac{1250}{75}$$

$$= \frac{250}{15} = \frac{50}{3} [\Omega]$$

第10図

となるので, 第11図のように考えて, 流れる電流 I は,

$$I = 100 \div \frac{50}{3}$$

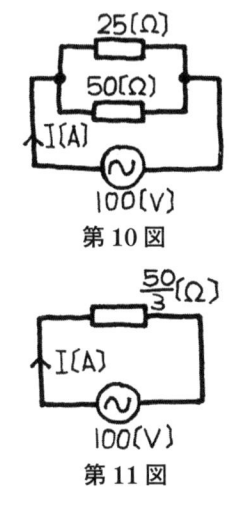

第11図

$$= 100 \times \frac{3}{50} = 6 \text{[A]}$$

と計算することができます．

オームの法則と合成抵抗についてわかりましたが，実際に出題される問題は，どの程度の計算が必要ですか．

では，実際に出題された問題を例にとってみましょう．

〔**例題 1**〕 図のような回路で 10 [Ω] の抵抗に流れる電流 [A] は．
 (イ) 5　　(ロ) 7.5
 (ハ) 10　　(ニ) 12.5

例題 1 で 10 [Ω] の抵抗に流れる電流は，10 [Ω] にかかる電圧がわかれば計算できます．

まず，問題の図を並列回路の合成抵抗の考え方を使って表すと，6 [Ω] と 3 [Ω] の並列部分は，

$$R_1 = \frac{6 \times 3}{6+3} = \frac{18}{9} = 2 \text{[Ω]}$$

15 [Ω] と 10 [Ω] の並列部分は，

$$R_2 = \frac{15 \times 10}{15+10} = \frac{150}{25} = 6 \text{[Ω]}$$

となるので，第 1 図のようになります．

したがって，電源から流れ出る電流 I [A] は，こんどは直列回路の合成抵抗の考え方を使って，

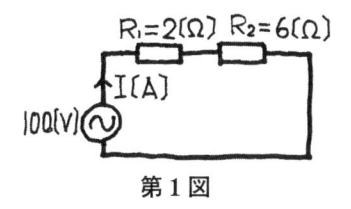

第 1 図

$$I = \frac{V}{R_1 + R_2} = \frac{100}{2+6} = \frac{100}{8} = \frac{25}{2} \text{[A]}$$

R_2〔Ω〕に加わる電圧 V_2 は,

$$V_2 = I \times R_2 = \frac{25}{2} \times 6 = 75 \text{[V]}$$

この電圧が 10〔Ω〕と 15〔Ω〕の抵抗に加わるので, 10〔Ω〕に流れる電流は,

$$I' = \frac{75}{10} = 7.5 \text{[A]}$$

となり, (ロ)が正しい答となります. なお, 各部の電圧, 電流を第2図に示しておきますので自分で確かめておいてください.

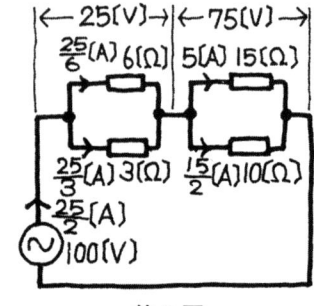

第2図

〔例題2〕 図のような交流回路において, スイッチ S を閉じているとき 2〔Ω〕の抵抗に流れる電流は, スイッチ S を開いたときに 2〔Ω〕の抵抗に流れる電流の何倍か.

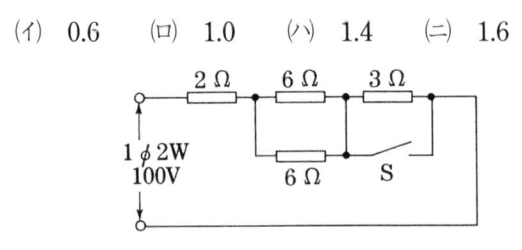

(イ) 0.6   (ロ) 1.0   (ハ) 1.4   (ニ) 1.6

例題2は, スイッチSが閉じているときと, 開いているときを別々に計算しましょう.

(1) スイッチ閉

まず, Sが閉じているときは, 第3図の回路となるので, 第4図のように考えて,

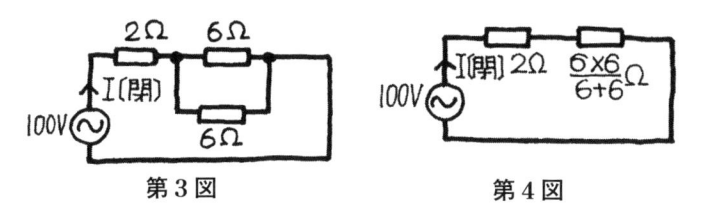

第3図　　　　　　　　　第4図

$$I(閉) = \frac{100}{2+\dfrac{6\times 6}{6+6}} = \frac{100}{2+\dfrac{36}{12}} = \frac{100}{2+3}$$

$$= \frac{100}{5} = 20\,[\text{A}]$$

(2) スイッチ開

次にSが開いているときは，第5図の回路となるので，第6図のように考えて，

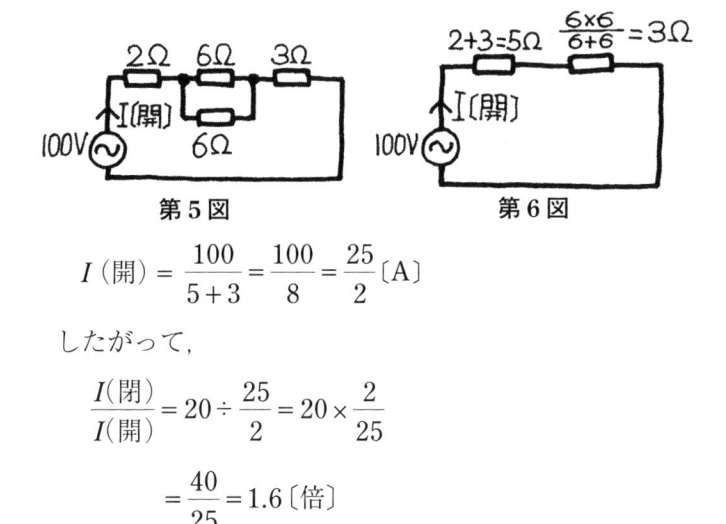

第5図　　　　　　　　　第6図

$$I(開) = \frac{100}{5+3} = \frac{100}{8} = \frac{25}{2}\,[\text{A}]$$

したがって，

$$\frac{I(閉)}{I(開)} = 20 \div \frac{25}{2} = 20 \times \frac{2}{25}$$

$$= \frac{40}{25} = 1.6\,[倍]$$

となり，㈣が正しい答となります．

■さあ！練習問題にチャレンジ

〔問1-6〕

(1) 図のような回路で，端子a, b間の合成抵抗〔Ω〕は．

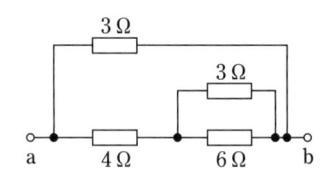

(イ) 1　(ロ) 2　(ハ) 3　(ニ) 4

(2) 図のような回路で，端子 a, b 間の合成抵抗〔Ω〕は．

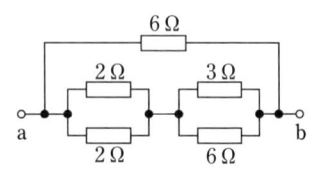

(イ) 1　(ロ) 2　(ハ) 3　(ニ) 4

(3) 図のような交流回路において，a, b 間の電圧が 60〔V〕であるとき，ac 間の電源電圧〔V〕は．

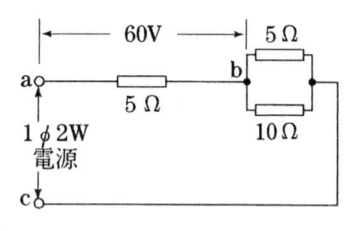

(イ) 40　(ロ) 60　(ハ) 100　(ニ) 120

(4) 図のような回路で 20〔Ω〕の抵抗に流れる電流〔A〕は．

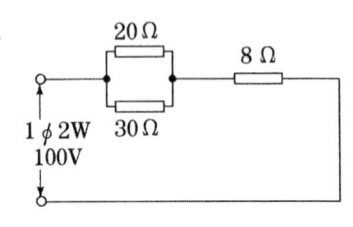

(イ) 2　(ロ) 3　(ハ) 4　(ニ) 5

(5) 図のような直流回路で，電圧計Ⓥが 24〔V〕を指示しているとき，電流計Ⓐの指示値〔A〕は．

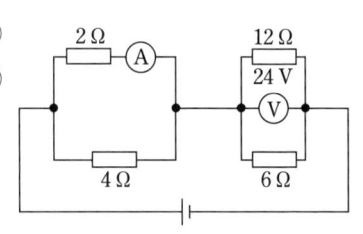

(イ) 2　(ロ) 3　(ハ) 4　(ニ) 6

第2章
2乗の計算
（2乗の計算と回路の消費電力）

1　　　RI^2 の計算はどうする

図のように，R〔Ω〕の抵抗に電流 I〔A〕が流れているとき，消費電力は RI^2〔W〕とのことですが，これはどんな計算をすればよいか，簡単な例で説明してください．

まず，RI^2 は，

$RI^2 = R \times I \times I$

という計算をすることを覚えてください．このように文字のかけ算では ×（かける）は一般的に省略されます．

また，同じ文字や数字をかけ合わせるときは，

$I \times I = I^2$（「I の2乗」と読みます）

$3 \times 3 \times 3 = 3^3$（「3の3乗」と読みます）

のように，右肩にかけ合わせた個数を小さく書いて表します．

たとえば，第1図の消費電力は，

$RI^2 = R \times I \times I$
$ = 8 \times 10 \times 10$
$ = 800$〔W〕

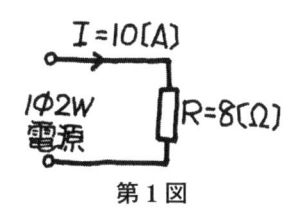

第1図

ここが重要！

I^2 は I を2個かけ合わせることを意味します．したがって，RI^2 は，

$R \times I \times I$

の計算をします．

● さあ！練習問題にチャレンジ

〔問 2－1〕

(1) 次の□の中に入れる数字を示せ．
① $V \times V = V^{\square}$　② $3 \times 3 \times 3 = 3^{\square}$
③ $2 \times 2 \times 2 \times 2 = 2^{\square}$

(2) 次の数はいくらになるか計算せよ．
① 2^2　② 3^3　③ 10^2　④ 6^2

(3) 図の回路の消費電力は，

$\dfrac{V^2}{R}$〔W〕

となることを示せ．

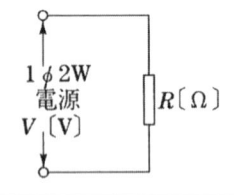

2　交流回路の電力計算にチャレンジ

RI^2 の計算の仕方はわかりましたが，右図の消費電力はどのように計算すればよいのですか．

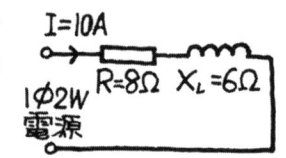

　図には，～～～（コイル）が入っていますが，消費電力は，あくまでも RI^2 の計算で求まります．
　したがって，図の消費電力は，
$P = RI^2 = 8 \times 10 \times 10 = 800$〔W〕
とすればよいのです．

なお，コイルの $X_L = 6\,[\Omega]$ に関しても

$$Q = X_L I^2 = 6 \times 10 \times 10 = 600\,[\text{var}]$$

のように計算をすることができますが，これは消費電力ではなく無効電力（むこうでんりょく）と呼び，単位もW（ワット）ではなく，var（バール）を使います．

なお，右図のような場合も消費電力は，

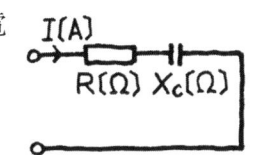

$$P = RI^2\,[\text{W}]$$

となります．

また，——||—— （コンデンサ）の

$$Q = X_C I^2\,[\text{var}]$$

もコイルのときと同じように無効電力で，単位も〔var〕です．

ここが重要！

有効電力〔W〕=（抵抗〔Ω〕）×（抵抗に流れる電流）²

無効電力〔var〕=（コイル〔Ω〕）×（コイルに流れる電流）²

無効電力〔var〕=（コンデンサ〔Ω〕）×（コンデンサに流れる電流）²

● さあ！練習問題にチャレンジ

〔問2-2〕

(1) 図のような交流回路に電流10〔A〕が流れているとき，回路の消費電力〔W〕は．

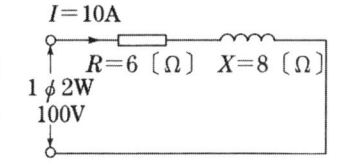

　(イ) 100　(ロ) 600　(ハ) 800

　(ニ) 1 000

(2) 図のような交流回路の消費電力〔W〕は．

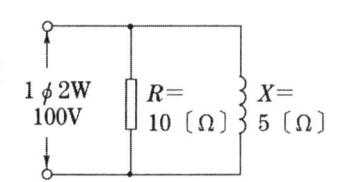

　(イ) 100　(ロ) 600　(ハ) 800

　(ニ) 1 000

(3) 図のような回路で,リアクタンス X の両端の電圧が 60〔V〕,抵抗 R の両端の電圧が 80〔V〕であるとき,この抵抗 R の消費電力〔W〕は.

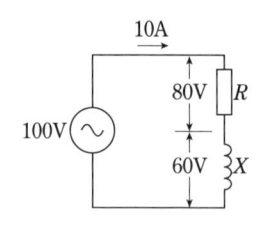

(イ) 600　(ロ) 800　(ハ) 1 000

(ニ) 1 200

(4) 図のような回路で抵抗 R に流れる電流が 4〔A〕,リアクタンス X に流れる電流が 3〔A〕であるとき,抵抗 R の消費電力〔W〕は.

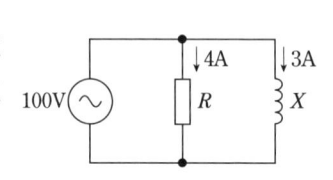

(イ) 100　(ロ) 300　(ハ) 400　(ニ) 700

3　電線の断面積計算はどうする

図のような円の面積は,

$$\frac{\pi D^2}{4} \text{〔mm}^2\text{〕}$$

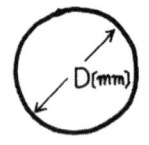

となるとのことですが,この計算について,わかりやすく説明してください.

円の面積 S は,半径を r〔mm〕とすれば,

$S = \pi r^2$〔mm^2〕

で求まります.ここで,π(パイ)は,円周率を表し,

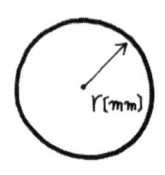

$\pi = 3.14$ ……

という無限に続く数ですが,一般的には $\pi = 3.14$ として計算をしてかまいません.

では,右の図のような半径 0.8〔mm〕の円の面積を具体的に求めてみましょう.

$S = \pi r^2 = \pi \times r \times r$

　　$= 3.14 \times 0.8 \times 0.8 = 2.01$〔mm^2〕

次に,半径の代わりに直径を使って,円の面積を求める

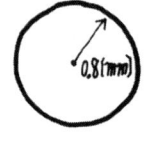

公式を導いてみましょう．

半径は直径の半分，つまり $\frac{1}{2}$ ですから，

$$S = \pi \times \frac{D}{2} \times \frac{D}{2}$$

となります．これを1つの分数の形に表す

$$S = \frac{\pi \times D \times D}{2 \times 2} = \frac{\pi D^2}{4}$$

の公式が導けます．したがって，半径 $r = 0.8$ 〔mm〕の代わりに直径 $D = 1.6$ 〔mm〕を使って円の面積を計算する場合には，

$$S = \frac{\pi \times 1.6 \times 1.6}{4} = 2.01 \,〔\mathrm{mm}^2〕$$

となります．

ここが重要！

円の面積は，半径を r 〔mm〕とすると，

$$S = \pi r^2 \,〔\mathrm{mm}^2〕$$

となる．半径の代わりに直径 D 〔mm〕を使って計算をする場合には，

$$S = \frac{\pi D^2}{4} \,〔\mathrm{mm}^2〕$$

となる．

●さあ！練習問題にチャレンジ

〔問2-3〕
(1) 直径 2.0 〔mm〕の軟銅線の断面積はいくらか．
(2) 直径 1.6 〔mm〕の軟銅線の断面積はいくらか．
(3) 直径 2.0 〔mm〕の軟銅線の断面積は，直径 1.6 〔mm〕の軟銅線の断面積の何倍か．

4 電線の抵抗計算にチャレンジ

円の面積の計算はわかりました．次に実際に出題されるレベルの例題を使って，電線の抵抗の求め方をわかりやすく説明してください．

では，次の例題を解きながら，電線の抵抗計算の要領を説明してみましょう．

〔例題〕 直径 2.0〔mm〕，長さ 185〔m〕の軟銅線の抵抗〔Ω〕はおよそいくらか．ただし，軟銅線の抵抗率は，0.017〔Ω·mm²/m〕とする．
(イ) 0.8 (ロ) 1.0 (ハ) 3.1 (ニ) 4.0

まず，電線の抵抗 R は，

$$R = \rho \frac{l}{S} = \frac{\rho \times l}{S} \,\text{〔Ω〕}$$

の公式で導かれることを暗記しておくことが必要です．

この式で，ρ（ギリシャ文字で"ロー"と読みます）は抵抗率，l は電線の長さ，S は電線の断面積です．

次に，ρ の単位をみてみましょう．

$$\left(\frac{\Omega \cdot \text{mm}^2}{\text{m}} \right)$$

となっていますね．これは，断面積を〔mm²〕で，長さを〔m〕の単位で計算すると，抵抗が〔Ω〕で求まることを表しています．

したがって，この例題では，抵抗 R は，

$$R = 0.017 \left(\frac{\Omega \cdot \text{mm}^2}{\text{m}} \right) \times \frac{\text{電線の長さ〔m〕}}{\text{電線の断面積〔mm}^2\text{〕}}$$

の計算で求めることができます．

では，具体的に計算してみましょう．

電線の長さ $l = 185$ [m]

次に，電線の断面積は，直径 2 [mm] の円の面積となるので，

電線の断面積 $S = \dfrac{\pi D^2}{4} = \dfrac{\pi \times 2 \times 2}{4}$

$= \pi$ [mm^2]

したがって，電線の抵抗 R は，

$R = \rho \dfrac{l}{S} = \dfrac{0.017 \times 185}{\pi}$

$= 1$ [Ω]

となるので，例題の正しい答は(ロ)となります．

ここが重要！

電線の抵抗 R は次の式で計算できる．

$R = \rho \dfrac{l}{S} = \dfrac{\rho \times l}{S}$ [Ω]

ただし，l：長さ [m]

S：断面積 [mm^2]

ρ：抵抗率 $\left(\dfrac{\Omega \cdot \text{mm}^2}{\text{m}}\right)$

◆さあ！練習問題にチャレンジ

〔問 2 - 4〕

(1) 直径 1.6 [mm]，長さ 120 [m] の軟銅線の抵抗 [Ω] はおよそいくらか．ただし，軟銅線の抵抗率は 0.017 [Ω·mm^2/m] とする．

　(イ) 0.8　　(ロ) 1.0　　(ハ) 3.1　　(ニ) 4.0

(2) 直径 2.0 [mm]，長さ 200 [m] の軟銅線の抵抗値 [Ω] は．ただし，軟銅線の抵抗率は，0.017 [Ω·mm^2/m] とする．

　(イ) 0.11　　(ロ) 1.1　　(ハ) 11　　(ニ) 110

(3) 直径 1.6 [mm]（断面積 2 [mm^2]），長さ 12 [m] の電線の抵抗が 0.1 [Ω] であるとき，断面積 8 [mm^2]，長さ 96 [m] の電線の抵抗 [Ω] は．ただし，電線の材質および温度は同一とする．

(イ)　0.05　　(ロ)　0.1　　(ハ)　0.2　　(ニ)　0.3

(4)　直径 1.6〔mm〕，長さ 10〔m〕の軟銅線と電気抵抗値が等しくなる直径 3.2〔mm〕の軟銅線の長さ〔m〕は．

　　ただし，軟銅線の温度，抵抗率は同一とする．

　　(イ)　5　　(ロ)　10　　(ハ)　20　　(ニ)　40

(5)　A，B 2本の同材質の銅線がある．A は直径 1.6〔mm〕，長さ 100〔m〕，B は直径 3.2〔mm〕，長さ 50〔m〕である．A の抵抗は B の抵抗の何倍か．

　　(イ)　1　　(ロ)　2　　(ハ)　4　　(ニ)　8

第3章
やさしいルート計算
（ルートの計算とインピーダンス）

1　ルートの計算って何

三相交流回路などで $\sqrt{3}$ という数字がところどころでてきますが，これはどんな数ですか．やさしく説明してください．

$\sqrt{3}$（ルート3と読みます）という数は，2乗すると3になる数で，これを小数を使って表すと，

$$\sqrt{3} = 1.732 \cdots\cdots$$

という無限に続く数となります．したがって，1.732……を2つかけ合わせると3になります．もう少しわかりやすい例をあげてみましょう．

"$\sqrt{4}$ はいくらでしょうか？" これは，"2乗すると4になる数はいくらですか？" という意味ですから，$2^2 = 4$ となることから，

$$\sqrt{4} = 2$$

のように，ルートの計算ができます．では，$\sqrt{9}$ はいくらでしょうか．$9 = 3 \times 3 = 3^2$ から，

$$\sqrt{9} = 3$$

となりますね．

このように，$4 (= 2^2)$ や $9 (= 3^2)$ のような数のルートは，簡単に計算できますが，$\sqrt{3}$ などは計算機を使わないと求

めることができません．ただし，次の2つは暗記しておくとよいでしょう．

$$\begin{cases} \sqrt{2} = 1.41 \\ \sqrt{3} = 1.73 \end{cases} \left(\begin{array}{l}\sqrt{2} も \sqrt{3} も無限に続く数ですが，小数\\ 点以下2ケタまで覚えておけば十分です．\end{array}\right)$$

ここが重要！

$\sqrt{a}$ は2乗すると a になる数を表す．
〔例〕
$$\begin{cases} \sqrt{4} = \sqrt{2^2} = 2 \text{（2乗すると4になる数は2）} \\ \sqrt{9} = \sqrt{3^2} = 3 \text{（2乗すると9になる数は3）} \end{cases}$$

● さあ！練習問題にチャレンジ

〔問3－1〕
(1) 次の数はいくらか．
① $\sqrt{16}$　② $\sqrt{25}$　③ $\sqrt{36}$　④ $\sqrt{49}$　⑤ $\sqrt{100}$
(2) 次の計算をせよ．
① $\sqrt{2} \times \sqrt{2}$　② $\sqrt{3} \times \sqrt{3}$　③ $2 \div \sqrt{2}$　④ $3 \div \sqrt{3}$

2　ルートの入った計算はどうする

ルートの計算の仕方はわかりました．次に，ルートの式を使ういろいろなパターンについて計算例をあげて説明してください．

では，ルートの計算のいろいろなパターンを勉強しておきましょう．
〔例題1〕　$\sqrt{9+16}$
ルートの中に足し算が入っている場合には，まず，足し算を計算します．したがって，
$$\sqrt{9+16} = \sqrt{25} = 5$$
のように計算します．
〔例題2〕　$100\sqrt{2}$

これは，$100 \times \sqrt{2}$ を意味しています．したがって，

$$100\sqrt{2} = 100 \times 1.41 = 141$$

という数になります．

ところで，交流の実効値（じっこうち）と最大値（さいだいち）の間には，次のような関係があります．

最大値 $= \sqrt{2} \times$（実効値）

したがって，"実効値100〔V〕の交流電圧の最大値〔V〕はおよそいくらか？"という問に対しては，

$$100\sqrt{2} = 141 \text{〔V〕}$$

と計算します．

〔例題3〕 $\dfrac{100}{\sqrt{25}}$

これは，$100 \div \sqrt{25}$ を意味しますので，まず $\sqrt{25}$ を計算し，その値で100を割ります．したがって，

$$\frac{100}{\sqrt{25}} = \frac{100}{5} = 20$$

のように計算します．

さあ！練習問題にチャレンジ

〔問3-2〕

(1) 次の計算をせよ．

① $\sqrt{2+2}$　② $\sqrt{3^2+4^2}$　③ $5\sqrt{4}$　④ $5\sqrt{9+16}$

⑤ $\dfrac{100}{\sqrt{64}}$　⑥ $\dfrac{100}{\sqrt{3^2+4^2}}$　⑦ $\dfrac{141}{\sqrt{2}}$　⑧ $\dfrac{200}{\sqrt{3}}$

(2) 実効値200〔V〕の正弦波交流電圧の最大値〔V〕はおよそ．

(イ) 400　(ロ) 346　(ハ) 282　(ニ) 210

(3) 実効値100〔V〕の交流電圧を20〔Ω〕の抵抗に加えたときの電流の最大値〔A〕はおよそ．

(イ) 5　(ロ) 7.05　(ハ) 8.65　(ニ) 10

3 インピーダンスって何

ルートの計算の要領がわかってきましたので，実際にはどのような問題でルートを使うのか教えてください．

ルートの計算を使う代表例は右の図のような回路に流れる電流の計算です．
このような問題では，まず

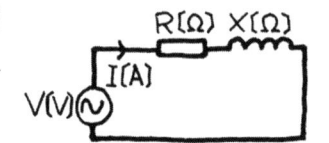

$$Z = \sqrt{R^2 + X^2} \, [\Omega]$$

と計算します．R は抵抗，X は誘導（ゆうどう）リアクタンスですが，ルートを使って計算した Z をインピーダンスと呼んでいます．

この Z が求まれば，電流は次の計算で求めることができます．

$$I = V \div Z = V \div \sqrt{R^2 + X^2}$$
$$= \frac{V}{\sqrt{R^2 + X^2}} \, [A]$$

では，さっそく例題を解いてみましょう．

〔例題〕 図のような交流回路において，電源電圧が 100 [V] であるとき，回路に流れる電流 [A] は．

$R = 3$ [Ω]　$X = 4$ [Ω]
$1\phi 2W$　100V

(イ) 4 　(ロ) 14.3 　(ハ) 20 　(ニ) 25

この問題で，回路のインピーダンス Z は，

$$Z = \sqrt{R^2 + X^2} = \sqrt{3^2 + 4^2} = \sqrt{9 + 16}$$
$$= \sqrt{25} = 5 \, [\Omega]$$

と計算されるので，電流 I は，

$$I = \frac{100}{5} = 20 \text{［A］}$$

と求まります．したがって，(ハ)が正解です．

なお，計算に慣れてきたら，次のように解きましょう．

$$I = \frac{V}{\sqrt{R^2 + X^2}} = \frac{100}{\sqrt{3^2 + 4^2}} = \frac{100}{\sqrt{25}}$$

$$= \frac{100}{5} = 20 \text{［A］}$$

ここが重要！

図の回路で流れる電流は，

$$I = \frac{V}{Z} \text{［A］}$$

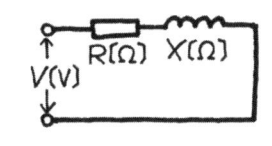

となる．Z はインピーダンスで，次の式で計算される．

$$Z = \sqrt{R^2 + X^2} \text{［Ω］}$$

● さあ！練習問題にチャレンジ

〔問 3 − 3〕

(1) 図のような交流回路において，電源電圧が 100 ［V］ であるとき，回路に流れる電流〔A〕は．

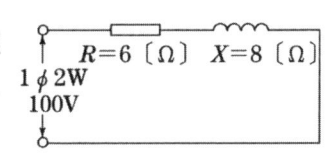

　(イ) 2 　(ロ) 12.2 　(ハ) 10 　(ニ) 12.5

(2) 図のような交流回路において，a, b 間の電圧 V〔V〕は．

　(イ) 43 　(ロ) 57 　(ハ) 60
　(ニ) 80

(3) 図のような交流回路において，抵抗 8〔Ω〕の両端間の電圧 V〔V〕は．

　(イ) 43 　(ロ) 57 　(ハ) 60
　(ニ) 80

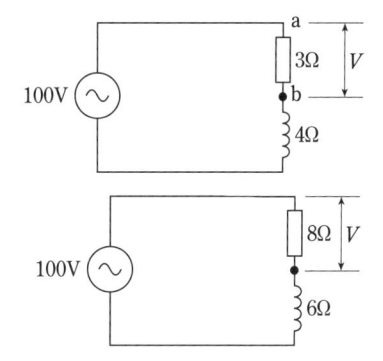

—37—

図1の回路のインピーダンスが5〔Ω〕となるので，電流が

$$\frac{100}{5} = 20 〔A〕$$

となることはわかりましたが，図2の場合も20〔A〕が流れると思いますが，同じ電流が流れるのですか．

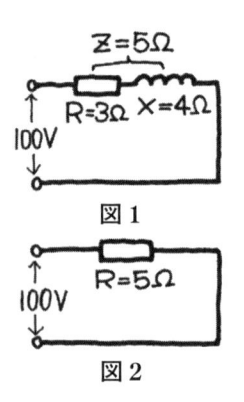

よいところに気がづきました．右の第1図～第3図のインピーダンスは，

① 第1図の回路
$$Z_1 = \sqrt{R^2 + X^2} = \sqrt{5^2 + 0^2}$$
$$= \sqrt{5^2} = 5〔Ω〕$$

② 第2図の回路
$$Z_2 = \sqrt{R^2 + X^2} = \sqrt{3^2 + 4^2}$$
$$= \sqrt{25} = 5〔Ω〕$$

③ 第3図の回路
$$Z_3 = \sqrt{R^2 + X^2} = \sqrt{0^2 + 5^2}$$
$$= \sqrt{5^2} = 5〔Ω〕$$

となるので，いずれの場合も

$$I = \frac{100}{5} = 20〔A〕$$

の大きさの電流が流れます．

しかし，同じ大きさの電流であっても，第4図のように波形に違いがでてきます．

100〔V〕の電圧の波形は，最大値が$100\sqrt{2}$〔V〕で，$+100\sqrt{2}$〔V〕と$-100\sqrt{2}$〔V〕の間を第4図のように繰り返していき，第1図の$R = 5$〔Ω〕の抵抗だけの場合は，最大値が$20\sqrt{2}$〔A〕で，電圧と同じ形の波形となります．

—38—

第4図

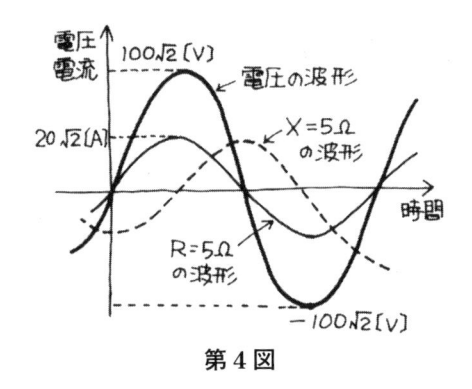

　これに対し，第3図の $X=5$ 〔Ω〕のコイルだけの場合は，波形が右にずれ，電圧が0のときに，電流が最大になるようになります．

　また，第2図の $R=3$ 〔Ω〕と $X=4$ 〔Ω〕の組み合わせで $Z=5$ 〔Ω〕となる場合は，$R=5$ 〔Ω〕と $X=5$ 〔Ω〕の波形のほぼ中間の波形となります．

　以上のように，$Z=5$ 〔Ω〕となる組み合わせにはいろいろあり，どのような場合も実効値20〔A〕の電流が流れますが，R と X の大きさの割合により，波形のずれがでてきます．

●さあ！練習問題にチャレンジ

〔問3−4〕

(1) 抵抗のみの回路に交流を通じた場合，各瞬時について，電流 i と電圧 e の関係を示したものは次のうちどれか．

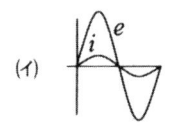

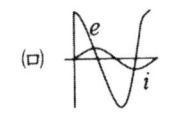

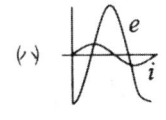

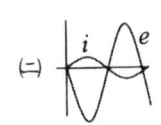

(イ)　　　(ロ)　　　(ハ)　　　(ニ)

(2) 図のような交流回路の電圧 v に対する電流 i の波形として，正しいものは．

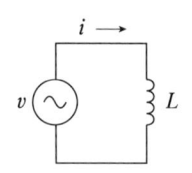

(イ) (ロ)

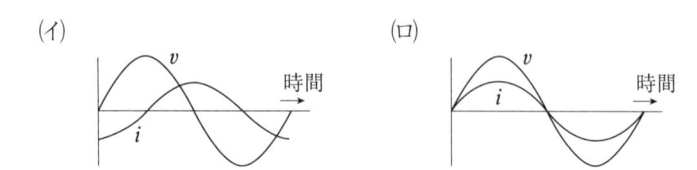

(ハ) (ニ)

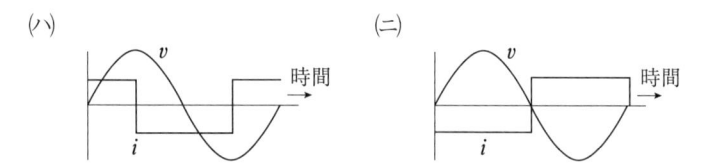

(3) 図のような交流回路の電圧 v に対する電流 i の波形として，正しいものは．

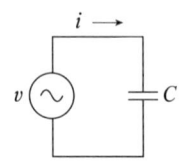

(イ) (ロ)

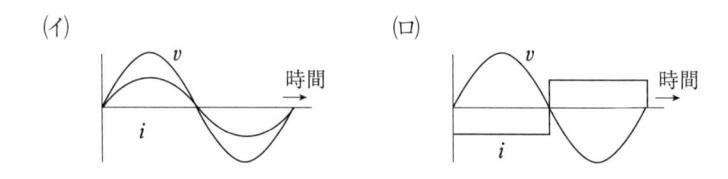

(ハ) (ニ)

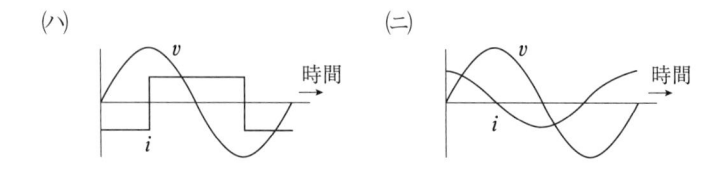

4 三相交流計算にもチャレンジ

ルートを使ってインピーダンスを計算することはわかりましたが，$\sqrt{3}$ を使った三相交流計算についても教えてください．

まず最も基本的な右図の三相回路について説明しましょう．

電源側につながれる端子 a, b, c の間の電圧 V [V] を線間電圧といいます．

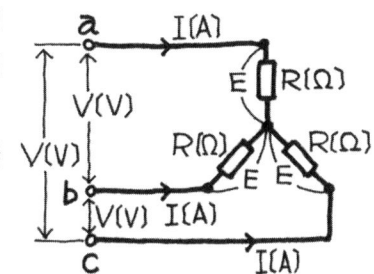

次に，負荷をみると，人の形でつながれています．このようなつなぎ方を人（スター）結線あるいは星形結線といいます．

星形結線の1つの負荷にかかる電圧 E [V] を相電圧といい，線間電圧 V [V] と相電圧 E [V] の間には，

$$E = V \div \sqrt{3} = \frac{V}{\sqrt{3}}$$

の関係があります．

端子 a, b, c からは同じ大きさの電流が流れ込みます．この大きさは，R [Ω] に E [V] が加わることより，

$$I = E \div R = \frac{E}{R} \text{ [A]}$$

となります．

抵抗 R 1つでの消費電力 P_1 は，

$$P_1 = R \times I^2 \text{ [W]}$$

で計算されますので，三相回路全体では，抵抗 R が3つあることから，P_1 を3倍して，

$$P = 3 \times P_1 = 3 \times R \times I^2 = 3RI^2 \text{ [W]}$$

という消費電力となります.
　では，さっそく例題を解いてみましょう.

〔例題1〕 図のような三相負荷に三相交流電圧を加えたとき，各相に10〔A〕の電流が流れた．線間電圧〔V〕はおよそ．

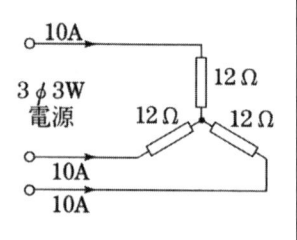

(イ) 170　(ロ) 208　(ハ) 210　(ニ) 240

12〔Ω〕の抵抗に加わる電圧は，

$$E = I \times R = 10 \times 12 = 120 \text{〔V〕}$$

相電圧 E と線間電圧 V は，

$$V = \sqrt{3} \times E$$

の関係となるので，

$$V = \sqrt{3} \times 120 = 1.73 \times 120 = 207.6 \text{〔V〕}$$

と計算でき，(ロ)が正解となります.

〔例題2〕 図のような三相負荷に電圧200〔V〕を加えたときの全消費電力〔kW〕は．

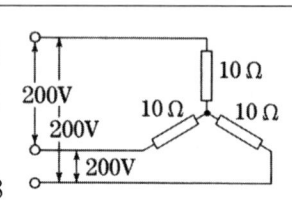

(イ) 4　(ロ) 6　(ハ) 8
(ニ) 12

10〔Ω〕の抵抗に加わる電圧は，

$$E = \frac{200}{\sqrt{3}} \text{〔V〕}$$

10〔Ω〕の抵抗に流れる電流は，

$$I = \frac{E}{R} = \frac{200}{\sqrt{3}} \div 10 = \frac{200}{\sqrt{3}} \times \frac{1}{10} = \frac{20}{\sqrt{3}} \text{〔A〕}$$

全消費電力は，

$$P = 3RI^2$$
$$= 3 \times 10 \times \left(\frac{20}{\sqrt{3}}\right)^2 = 3 \times 10 \times \frac{20 \times 20}{\sqrt{3} \times \sqrt{3}}$$
$$= \frac{\cancel{3} \times 10 \times 20 \times 20}{\cancel{3}} = 4\,000\,[\text{W}]$$

$1\,000\,[\text{W}]$ が $1\,[\text{kW}]$ となるので,$P = 4\,[\text{kW}]$.

したがって,(イ)が正解となります.

ここが重要!

(1) 相電圧 $E\,[\text{V}]$ は,

$$E = \frac{V}{\sqrt{3}}\,[\text{V}]$$

(2) 各線に流れる電流は,

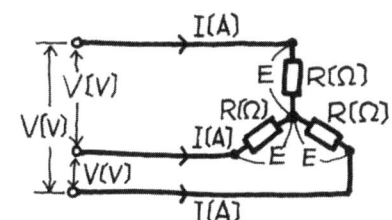

$$I = \frac{E}{R}\,[\text{A}]$$

(3) 三相の消費電力は,

$$P = 3RI^2\,[\text{W}]$$

●さあ!練習問題にチャレンジ

〔問 3 - 5〕

(1) 図のような三相交流回路で電流計Ⓐの指示値〔A〕は,およそ.

  (イ) 5   (ロ) 5.8   (ハ) 8.2
  (ニ) 10

(2) 図のような対称三相回路で,端子電圧が $V\,[\text{V}]$,電流計Ⓐの指示値が $I\,[\text{A}]$ であった.

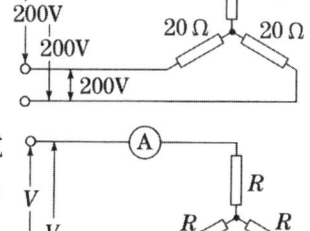

  負荷の抵抗 $R\,[\Omega]$ は.

  (イ) $\dfrac{V}{3I}$ (ロ) $\dfrac{3V}{I}$ (ハ) $\dfrac{V}{\sqrt{3}I}$ (ニ) $\dfrac{\sqrt{3}V}{I}$

(3) 図のように抵抗 R 〔Ω〕を星形に接続した回路に，三相電圧 V 〔V〕を加えたときの全消費電力〔W〕は．

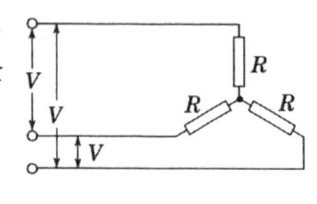

(イ) $\dfrac{V^2}{R}$　　(ロ) $\dfrac{V^2}{\sqrt{3}R}$　　(ハ) $\dfrac{\sqrt{3}V^2}{R}$

(ニ) $\dfrac{V^2}{3R}$

星形結線についてはわかりましたので，次に三角結線について教えてください．

下図のように負荷が△の形でつながれた結線を△（デルタ）結線，または三角結線といいます．

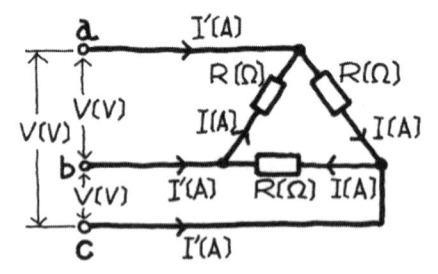

三角結線では，R〔Ω〕の抵抗に加わる電圧は V〔V〕であることから，R〔Ω〕に流れる電流は，

$$I = V \div R = \frac{V}{R} \text{〔A〕}$$

となります．

三角結線では，端子 a，b，c から流れ込む電流 I'〔A〕は，抵抗 R〔Ω〕に流れる電流の $\sqrt{3}$ 倍となります．

$$I' = \sqrt{3} \times I = \sqrt{3} \times \frac{V}{R} = \frac{\sqrt{3}V}{R} \text{〔A〕}$$

なお，消費電力は，抵抗1つでの値が

$$P_1 = RI^2 \text{〔W〕}$$

となることから，三相回路全体では P_1 を3倍して，

—44—

$$P = 3RI^2 \text{〔W〕}$$

となります.

では,例題を解いてみましょう.

〔例題〕 三相200〔V〕の電源に図のような負荷を接続したとき,電流計Ⓐの指示値〔A〕は,およそ.

(イ) 12　　(ロ) 20　　(ハ) 35　　(ニ) 40

10〔Ω〕の抵抗に流れる電流は,

$$I = V \div R = 200 \div 10 = 20 \text{〔A〕}$$

端子から流れ込む電流 I' は I の $\sqrt{3}$ 倍となるので,

$$I' = \sqrt{3} \times I = 1.73 \times 20 = 34.6 \text{〔A〕}$$

となり,(ハ)が正解となります.

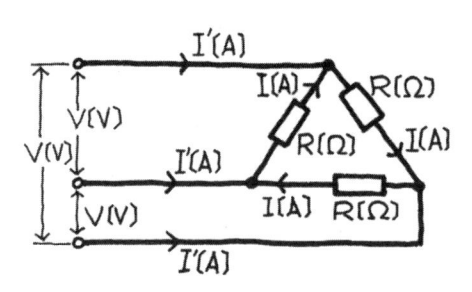

ここが重要!

(1) 抵抗 R〔Ω〕に流れる電流は,

$$I = \frac{V}{R} \text{〔A〕}$$

(2) 端子から流れ込む電流は,

$$I' = \sqrt{3}\, I \text{〔A〕}$$

(3) 三相の消費電力は,

$$P = 3RI^2 \text{〔W〕}$$

さあ！練習問題にチャレンジ

〔問 3 − 6〕

(1) 図のように 20〔Ω〕の抵抗を三角形に接続し，三相平衡電圧 200〔V〕を加えた場合，全消費電力〔kW〕の値は．

　(イ) 3　(ロ) 4　(ハ) 6　(ニ) 8

(2) 図のような対称三相 200〔V〕の回路で，電流計Ⓐの指示値は，およそ何〔A〕か．

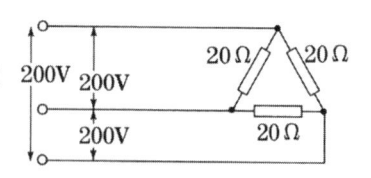

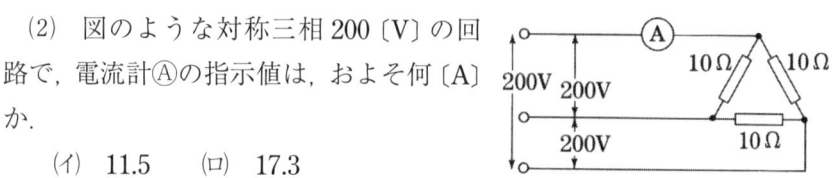

　(イ) 11.5　(ロ) 17.3
　(ハ) 20.0　(ニ) 34.6

(3) 三相電源に図のような負荷を接続したときの電流計Ⓐの指示を I_1〔A〕，b 相のヒューズが溶断した状態での電流計Ⓐの指示を I_2〔A〕とするとき，次のうち正しいものは．ただし，負荷の抵抗値は変わらないものとする．

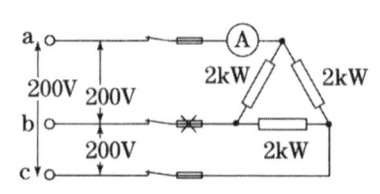

(イ) $\begin{cases} I_1 = 17.3 \\ I_2 = 15 \end{cases}$　(ロ) $\begin{cases} I_1 = 20 \\ I_2 = 15 \end{cases}$　(ハ) $\begin{cases} I_1 = 17.3 \\ I_2 = 8.6 \end{cases}$　(ニ) $\begin{cases} I_1 = 20 \\ I_2 = 8.6 \end{cases}$

(4) 図のような三相 3 線式回路の全消費電力〔kW〕は．

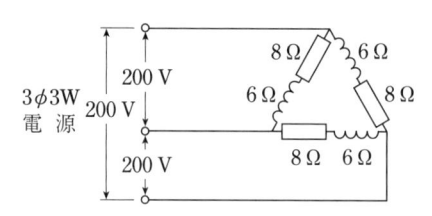

　(イ) 2.4　(ロ) 3.2　(ハ) 7.2　(ニ) 9.6

第4章
やさしい文字式の計算
（文字式による倍数の計算）

1　　　　　　　　　　　　　文字式って何

文字式って何ですか．また，文字を使って式を表す要領をわかりやすく説明してください．

文字式といっても特に難しいわけではありません．

まず，第1図をみてみましょう．この回路で流れる電流は，

$I = 100 \div 10 = 10$ 〔A〕

となります．

では，電圧を V〔V〕，抵抗を R〔Ω〕で表した第2図ではどうなりますか．

$I = V \div R = \dfrac{V}{R}$ 〔A〕

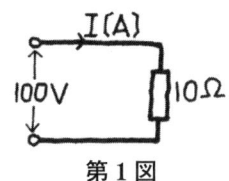

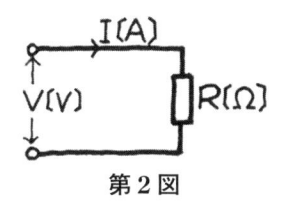

となりますね．このように，具体的な数値の代わりに，V や R などの文字を使って表した式を文字式といいます．

文字式での足し算，ひき算は，通常の数値を使った式と同じように，

A 足す $B : A + B$ 　　A 引く $B : A - B$

と表しますが，かけ算は，

A かける $B : A \times B = AB$（一般に × は省略します）

割り算は，

A 割る $B : A \div B = \dfrac{A}{B}$（一般に分数で表します）

のように表します．

なお，数値と文字を使う場合は，

$A \times 10 = 10 \times A = 10A$

$A \div 10 = \dfrac{A}{10}$　　$10 \div A = \dfrac{10}{A}$

のように表します．

また，一つの式の中の同じ文字は，同じ数値として扱うことができます．たとえば，

$$\dfrac{B}{A} + \dfrac{D}{A} = \dfrac{B+D}{A} \qquad \dfrac{B}{A} \times \dfrac{A}{C} = \dfrac{B \times \cancel{A}}{\cancel{A} \times C} = \dfrac{B}{C}$$

ここが重要！

(1) 文字式のかけ算では一般に×（かける）は省略する．

$A \times B = AB \qquad 10 \times A = 10A$

(2) 文字式の割り算は一般に分数で表す．

$A \div B = \dfrac{A}{B} \qquad 10 \div B = \dfrac{10}{B} \qquad B \div 10 = \dfrac{B}{10}$

(3) 一つの式の中の同じ文字は同じ数値として扱って，通分や約分することができる．

$$\dfrac{B}{A} + \dfrac{C}{A} = \dfrac{B+C}{A} \qquad \dfrac{B}{A} \times \dfrac{A}{C} = \dfrac{B}{C}$$

■ さあ！練習問題にチャレンジ

〔問 4 − 1〕 次の分数式を計算せよ．

(1) $\dfrac{A}{C} + \dfrac{B}{C}$　　(2) $\dfrac{B}{A} + \dfrac{C}{3A}$　　(3) $\dfrac{B}{2A} - \dfrac{B}{3A}$

(4) $\dfrac{BC}{A} \times \dfrac{B}{C}$　　(5) $\dfrac{1}{A} + \dfrac{1}{B}$　　(6) $\dfrac{1}{\dfrac{1}{A} + \dfrac{1}{B}}$

2 文字を使って式を表してみよう

試験に出題される内容について文字式の立て方を示してください．

では，復習をかねて，いままでに出てきた重要公式をまとめながら文字式の立て方を学習することにしましょう．

(1) オームの法則

$$V = IR \qquad (1)$$

(1)式を変形して，次の □ の中にあてはまる文字を考えてみましょう．

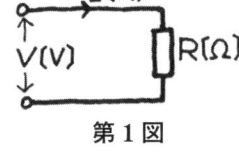

$$\begin{cases} R = \dfrac{(イ)}{(ア)} \\ I = \dfrac{(エ)}{(ウ)} \end{cases}$$

第1図

(1)式の両辺を I で割ると，

$$\frac{V}{I} = \frac{IR}{I} = R \quad \therefore \quad R = \frac{V}{I}$$

これから，(ア)は I，(イ)は V となることがわかります．次に，(1)式の両辺を R で割ると，

$$\frac{V}{R} = \frac{IR}{R} = I \quad \therefore \quad I = \frac{V}{R}$$

これから，(ウ)は R，(エ)は V となることがわかります．

(2) 合成抵抗

第2図のように $R_1 (\Omega)$ と $R_2 (\Omega)$ が直列につながれたときの合成抵抗は，

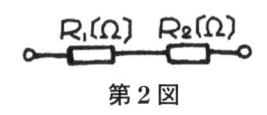

第2図

$$R_0 = R_1 + R_2 \ (\Omega)$$

—49—

第3図のように R_1 〔Ω〕と R_2 〔Ω〕が並列につながれたときの合成抵抗は,

$$R_0 = \frac{R_1 R_2}{R_1 + R_2} \text{〔Ω〕}$$

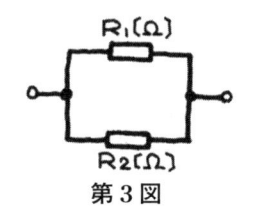

第3図

では,第4図の合成抵抗はいくらになりますか.

まず,並列部分について計算すると,

$$R_1 = \frac{RR}{R+R}$$

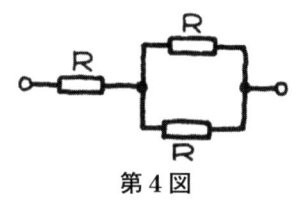

第4図

R を同じ数として扱って,

$$R_1 = \frac{RR}{2 \times R} = \frac{R\!\!\!/R}{2R\!\!\!/} = \frac{R}{2}$$

次に,第5図のように考えて,合成抵抗は,

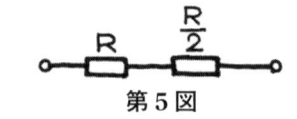

$$R_0 = R + \frac{R}{2} = \frac{2R}{2} + \frac{R}{2}$$

$$= \frac{3R}{2}$$

第5図

となります.

(3) **消費電力**

$$P = RI^2 \text{〔W〕} \qquad (2)$$

では,次の□中にあてはまる文字は?

$$P = \frac{\boxed{(ア)}}{R} \text{〔W〕}$$

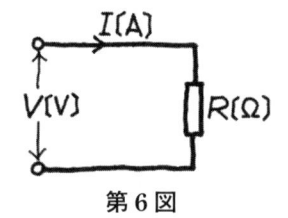

第6図

これは,次のようにして求めることができます.

電流 I は,

$$I = \frac{V}{R} \text{〔A〕}$$

となるので,これを(2)式に代入して,

$$P = R \cdot \left(\frac{V}{R}\right)^2 = \frac{RV^2}{R^2} = \frac{V^2}{R} \text{〔W〕}$$

したがって，(ア)は V^2 となります．

(4) 電線の抵抗

第7図のような直径 D〔mm〕，長さ l〔m〕，抵抗率 ρ〔Ω·mm²/m〕の抵抗は，

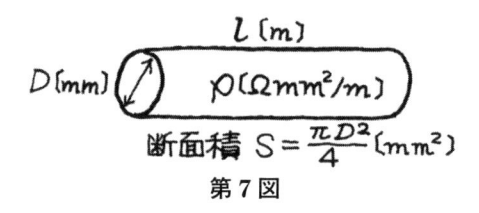

第7図

$$R = \rho \frac{l}{S} = \frac{\rho l}{\frac{\pi D^2}{4}} \text{〔Ω〕}$$

(5) インピーダンス

第8図の交流回路のインピーダンスは，

$$Z = \sqrt{R^2 + X^2} \text{〔Ω〕}$$

流れる電流は，

$$I = \frac{V}{Z}$$

$$= \frac{V}{\sqrt{R^2 + X^2}} \text{〔A〕} \quad (3)$$

第8図

消費電力は，

$$P = RI^2 \text{〔W〕}$$

では，次の□にはどんな文字式があてはまるのでしょうか．

$$P = \frac{RV^2}{\boxed{(ア)}} \text{〔W〕}$$

$P = RI^2$ に(3)式を代入すると，

$$P = R\left(\frac{V}{\sqrt{R^2 + X^2}}\right)^2 = \frac{RV^2}{(\sqrt{R^2 + X^2})^2} \quad (4)$$

ここで$\sqrt{A}$は2乗するとAになる数でした．したがって，$(\sqrt{A})^2 = A$となるので$(\sqrt{R^2+X^2})^2 = R^2+X^2$となります．これを(4)式に代入すると，

$$P = \frac{RV^2}{R^2+X^2} \text{[W]}$$

となり，(ア)はR^2+X^2となります．

ここが重要！

(1) **オームの法則**

$$V = IR \text{[V]} \begin{cases} ① & R = \dfrac{V}{I} \text{[Ω]} \\ ② & I = \dfrac{V}{R} \text{[A]} \end{cases}$$

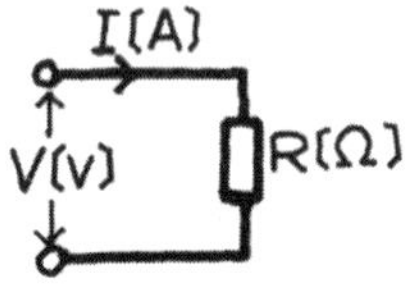

(2) **合成抵抗**

①直列接続　$R = R_1 + R_2 \text{[Ω]}$

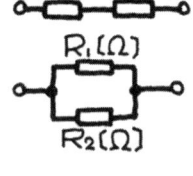

②並列接続　$R = \dfrac{R_1 R_2}{R_1 + R_2} \text{[Ω]}$

(3) **消費電力**

$$P = RI^2 = \frac{V^2}{R} \text{[W]}$$

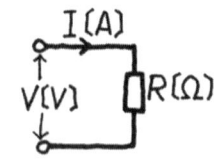

(4) **電線の抵抗**

$$R = \frac{\rho l}{\dfrac{\pi D^2}{4}} \text{[Ω]} \quad \begin{cases} \rho : \text{抵抗率} \text{[Ω·mm}^2\text{/m]} \\ l : \text{長さ [m]} \\ D : \text{直径 [mm]} \end{cases}$$

(5) **インピーダンス**

$$Z = \sqrt{R^2+X^2} \text{[Ω]}$$

$$I = \frac{V}{\sqrt{R^2+X^2}} \text{[A]}$$

$$P = RI^2$$

$$= \frac{RV^2}{R^2+X^2} \text{[W]}$$

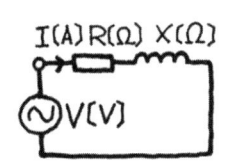

さあ！練習問題にチャレンジ

〔問 4 − 2〕

(1) 図の合成抵抗は何 $[\Omega]$ か．

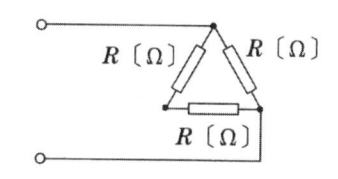

(イ) $\dfrac{R}{2}$ (ロ) $\dfrac{R}{3}$ (ハ) $\dfrac{2R}{3}$

(ニ) $\dfrac{3R}{2}$

(2) 抵抗率 $\rho\,[\Omega\cdot mm^2/m]$，太さ（直径）$D\,[mm]$，長さ $l\,[m]$ の導線の抵抗 $[\Omega]$ を表す式は．

(イ) $\dfrac{4\rho l}{\pi D^2}$ (ロ) $\dfrac{\rho l^2}{\pi D^2}$ (ハ) $\dfrac{4\rho l}{\pi D}$ (ニ) $\dfrac{\rho l^2}{\pi D}$

(3) 図のような回路に，交流電圧 $E\,[V]$ を加えたとき，回路の消費電力 $P\,[W]$ を示す式は．

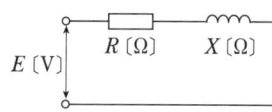

(イ) $\dfrac{E^2}{R}$ (ロ) $\dfrac{E^2}{\sqrt{R^2+X^2}}$ (ハ) $\dfrac{XE^2}{R^2+X^2}$ (ニ) $\dfrac{RE^2}{R^2+X^2}$

(4) 図のような回路の電流 I を示す式は．

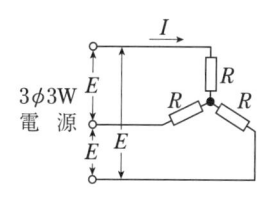

(イ) $\dfrac{E}{2R}$ (ロ) $\dfrac{\sqrt{3}E}{R}$ (ハ) $\dfrac{E}{R}$

(ニ) $\dfrac{E}{\sqrt{3}R}$

(5) 図のような回路の電流 I を示す式は．

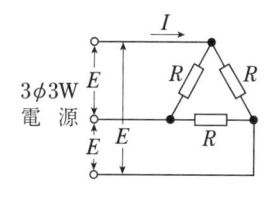

(イ) $\dfrac{E}{\sqrt{3}R}$ (ロ) $\dfrac{E}{R}$ (ハ) $\dfrac{\sqrt{3}E}{R}$

(ニ) $\dfrac{2E}{R}$

(6) 図のような三相交流回路において，電線 1 線当たりの抵抗が $r\,[\Omega]$，線電流が $I\,[A]$ のとき，この電線路の電力損失 $[W]$ を示す式は．

(イ) $3I^2 r$ (ロ) $3Ir^2$ (ハ) $\sqrt{3}\,I^2 r$ (ニ) $\sqrt{3}\,Ir$

3φ3W 電源 —— r, I —— 三相負荷

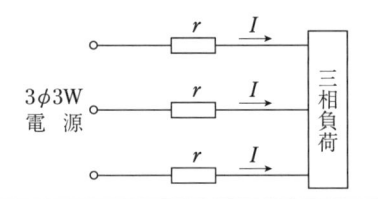

3 倍数計算にチャレンジ

どうも次のような問題が苦手です．解き方をわかりやすく説明してください．

【問題】 直径 1.6〔mm〕の電線の抵抗は，同じ材質で同じ長さ直径 3.2〔mm〕の電線の抵抗の何倍か．

(イ) $\dfrac{1}{4}$　(ロ) $\dfrac{1}{2}$　(ハ) 2　(ニ) 4

電線の抵抗は，

$$R = \rho \dfrac{l}{S} = \dfrac{\rho l}{\dfrac{\pi D^2}{4}} \ [\Omega]$$

の公式で求まることを学習しました．ここで，

$\begin{cases} R_1：直径 1.6 \text{〔mm〕}の電線の抵抗 \\ R_2：直径 3.2 \text{〔mm〕}の電線の抵抗 \end{cases}$

とします．R_1 と R_2 は，長さ l〔m〕と抵抗率 ρ〔Ω·mm²/m〕は同じ値となるので，同じ記号を使って表すと，

$$\begin{cases} R_1 = \dfrac{\rho l}{\dfrac{\pi \times 1.6^2}{4}} = \rho l \div \dfrac{\pi \times 1.6^2}{4} \\ \qquad = \rho l \times \dfrac{4}{\pi \times 1.6^2} = \dfrac{4\rho l}{1.6^2 \pi} \\ R_2 = \dfrac{\rho l}{\dfrac{\pi \times 3.2^2}{4}} = \rho l \div \dfrac{\pi \times 3.2^2}{4} \\ \qquad = \rho l \times \dfrac{4}{\pi \times 3.2^2} = \dfrac{4\rho l}{3.2^2 \pi} \end{cases}$$

このようにしてから，R_1 を R_2 で割って，

$$\frac{R_1}{R_2} = \frac{4\rho l}{1.6^2 \pi} \div \frac{4\rho l}{3.2^2 \pi} = \frac{4\rho l}{1.6^2 \pi} \times \frac{3.2^2 \pi}{4\rho l}$$

同じ数字と文字は約分できるので,

$$\frac{R_1}{R_2} = \frac{3.2^2}{1.6^2} = \frac{3.2 \times 3.2}{1.6 \times 1.6} = 2 \times 2 = 4$$

したがって，㈡が正しい答となります．

以上のように，本問のような倍率を求める計算では，共通な量は同じ文字を使って表すことがポイントです．

ではもう1題，倍数を求める代表的例題をあげてみます．

〔例題〕 図のような三相3線式回路で，b線が図中の×印点で断線すると，a線の電流は断線前の何倍となるか．

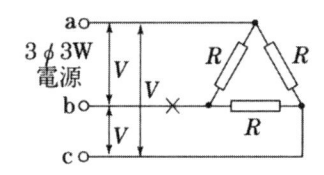

(イ) $\dfrac{\sqrt{3}}{2}$ (ロ) $\dfrac{2}{\sqrt{3}}$ (ハ) $\sqrt{3}$ (ニ) 3

まず，断線前は第1図のようになり，抵抗 $R\,[\Omega]$ に流れる電流 I は，

$$I = \frac{V}{R}$$

であるので，a線に流れる電流 I_1 は，

$$I_1 = \sqrt{3}I = \sqrt{3} \times \frac{V}{R} = \frac{\sqrt{3}V}{R} \tag{1}$$

第1図

となります．

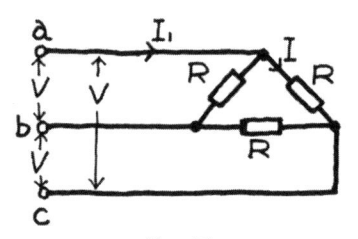

次に断線後は，第2図の回路となるので，合成抵抗 R_0 は，

$$R_0 = \frac{2R \times R}{2R + R}$$

$$= \frac{2R^2}{3R} = \frac{2R}{3}$$

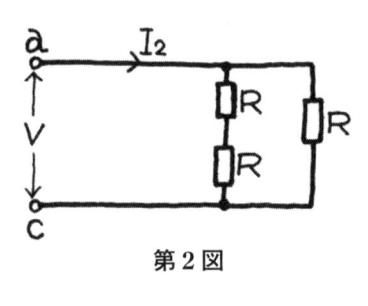

となり，流れる電流 I_2 は，

$$I_2 = V \div R_0 = V \div \frac{2R}{3} = V \times \frac{3}{2R}$$

$$= \frac{3V}{2R} \qquad (2)$$

となります．

(1)，(2)式を使って，I_2/I_1 を計算すると，

$$\frac{I_2}{I_1} = \frac{3V}{2R} \div \frac{\sqrt{3}V}{R} = \frac{3V}{2R} \times \frac{R}{\sqrt{3}V}$$

$$= \frac{3}{2\sqrt{3}} \qquad (3)$$

(3)式の分母・分子に $\sqrt{3}$ をかけると，

$$\frac{I_2}{I_1} = \frac{3 \times \sqrt{3}}{2\sqrt{3} \times \sqrt{3}} = \frac{3 \times \sqrt{3}}{2 \times 3} = \frac{\sqrt{3}}{2}$$

となり，(イ)が正しい答となります．

● さあ！練習問題にチャレンジ

〔問4-3〕

(1) 直径 1.6〔mm〕，長さ 100〔m〕の軟銅線Aと公称断面積 8〔mm²〕，長さ 200〔m〕の軟銅線Bがある．Bの電気抵抗はAの電気抵抗のおよそ何倍か．ただし，温度，抵抗率は同一とする．

 (イ) $\dfrac{1}{4}$ (ロ) $\dfrac{1}{2}$ (ハ) 2   (ニ) 4

(2) ある太さの銅線を引き伸ばして，直径を2分の1にした．抵抗は何倍になるか．ただし，銅量は変わらないものとする．

(イ) 2　　(ロ) 4　　(ハ) 8　　(ニ) 16

(3) 図のような三相3線式回路でヒューズ1本が溶断すると，消費電力はヒューズ溶断前の何倍になるか．

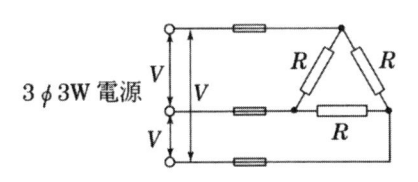

(イ) $\dfrac{1}{\sqrt{3}}$　　(ロ) $\dfrac{1}{2}$　　(ハ) $\dfrac{2}{3}$　　(ニ) $\dfrac{2}{\sqrt{3}}$

(4) A図のような単相2線式100〔V〕で2〔kW〕の電熱器をB図のように電線の太さおよびこう長が等しい単相3線式に改造し，1〔kW〕の電熱器2台とした．B図の電路の電力損失はA図の電路の何倍か．

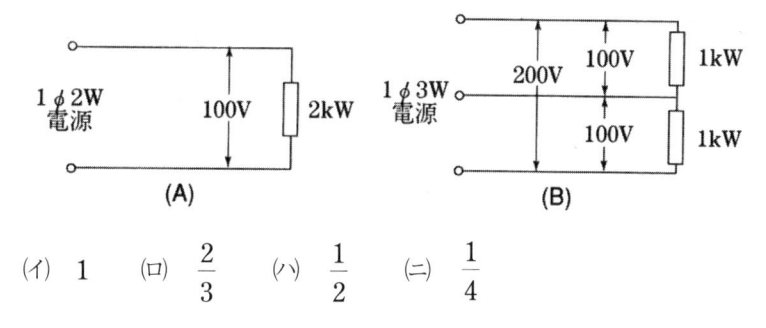

(イ) 1　　(ロ) $\dfrac{2}{3}$　　(ハ) $\dfrac{1}{2}$　　(ニ) $\dfrac{1}{4}$

第5章
やさしい指数の計算
(指数と単位の換算)

1 指数って何

電圧を V〔V〕,電流を I〔A〕,力率を $\cos\theta$（小数）とすると,消費電力 P は次式で表される.
$$P = VI\cos\theta \times 10^{-3} \text{〔kW〕}$$

消費電力について,上記のような説明がありましたが,この式で 10^{-3} とはどんな数か説明してください.

数を 3^2 や 10^3 のように a^n の形で表すことがありますが,n を指数（しすう）と呼び,

　a^n：ある数 a を n 個かけた数

を表します.したがって,

　$3^2 = 3 \times 3 = 9$,　　$10^3 = 10 \times 10 \times 10 = 1\,000$

のことになります.また,

$$a^{-n} = \frac{1}{a^n} \quad \left\{\begin{array}{l}(a \text{ のマイナス } n \text{ 乗}) = (a \text{ の } n \text{ 乗分の } 1) \\ \text{と読みます.}\end{array}\right.$$

のことです.したがって,10^{-3} とは,

$$10^{-3} = \frac{1}{10^3} = \frac{1}{1\,000}$$

のことです.

ところで，電圧 V 〔V〕，電流 I 〔A〕，力率 $\cos\theta$（小数）をかけ合わせると，単位が〔W〕の消費電力を表す式となります．

$$P = VI\cos\theta \text{ 〔W〕}$$

これを〔kW〕の単位に直すためには，1〔kW〕= 1 000〔W〕の関係を使って，

$$P = VI\cos\theta \div 1\,000 \text{ 〔kW〕}$$

とすればよいわけですが，この式を指数を使って表すと，

$$P = \frac{VI\cos\theta}{1\,000} = \frac{VI\cos\theta}{10^3} = VI\cos\theta \times 10^{-3} \text{ 〔kW〕}$$

となります．

ここが重要！

(1) ある数 a を n 個かけた数を a^n と書き，「a の n 乗」と読み，n を指数という．

（例） $3^2 = 3 \times 3$, $\qquad 10^3 = 10 \times 10 \times 10$

(2) $\dfrac{1}{a^n}$ を a^{-n} と表す．

（例） $3^{-2} = \dfrac{1}{3^2} = \dfrac{1}{9} \qquad 10^{-3} = \dfrac{1}{10^3} = \dfrac{1}{1\,000}$

● さあ！練習問題にチャレンジ

〔問5－1〕 次の□の中にあてはまる指数を求めよ．

(1) $10 \times 10 = 10^\square$ (2) $1\,000 = 10^\square$ (3) $0.01 = 10^\square$

(4) $\dfrac{1}{10^6} = 10^\square$ (5) $0.001 = 10^\square$ (6) $\dfrac{1}{0.001} = 10^\square$

2 指数の計算公式

指数を使った計算の基本公式について説明してください．

次の2つの基本公式を勉強しておきましょう．

① $a^m \times a^n = a^{m+n}$

② $a^m \div a^n = a^{m-n}$

まず，①の基本公式は，

$$a^m \times a^n = \underbrace{(a \times a \times \cdots \times a)}_{m\text{個}} \times \underbrace{(a \times a \times \cdots \times a)}_{n\text{個}}$$

$$= \underbrace{a \times a \times \cdots\cdots \times a}_{(m+n)\text{個}}$$

$$= a^{m+n}$$

と考えるとわかりやすいでしょう．なお，n と m はプラスの数でもマイナスの数でもかまいません．

（例）$\begin{cases} 10^3 \times 10^2 = 10^{3+2} = 10^5 \\ 10^3 \times 10^{-2} = 10^{3-2} = 10^1 = 10 \\ 10^{-3} \times 10^3 = 10^{-3+3} = 10^0 = 1 \end{cases}$

〔注〕どんな数でも0乗は1となります．

次に，②の基本公式は，

$$a^m \div a^n = a^m \times \frac{1}{a^n} = a^m \times a^{-n}$$

として，①の基本公式を使うと，

$$a^m \div a^n = a^{m+(-n)} = a^{m-n}$$

となることから理解できるでしょう．

（例）$\begin{cases} 10^3 \div 10^2 = 10^{3-2} = 10^1 = 10 \\ 10^3 \div 10^{-2} = 10^{3-(-2)} = 10^{3+2} = 10^5 \\ 10^{-3} \div 10^3 = 10^{-3-3} = 10^{-6} \end{cases}$

〈指数に関する基本公式〉

(1) $a^m \times a^n = a^{m+n}$

(2) $a^m \div a^n = a^{m-n}$

(3) $a^0 = 1$

● さあ！練習問題にチャレンジ

〔問5－2〕

(1) 図の回路に加えた電圧 E は何〔V〕か.

　(イ)　0.1　　(ロ)　1　　(ハ)　10
　(ニ)　100

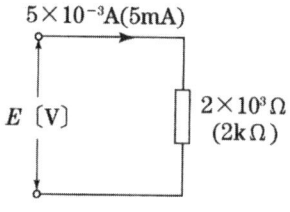

(2) 図の回路の抵抗 R は何〔Ω〕か.

　(イ)　5×10^2　　(ロ)　5×10^3
　(ハ)　5×10^4　　(ニ)　5×10^5

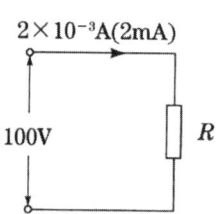

3　単位を換算してみよう

指数を使った単位換算の要領について教えてください．

単位の換算については，まず，右表の k（キロ）とか M（メガ）などの記号と，それがどんな数を表すかを覚えておくことが必要です．

記号	呼び名	数
M	メガ	10^6
k	キロ	10^3
c	センチ	10^{-2}
m	ミリ	10^{-3}
μ	マイクロ	10^{-6}
p	ピコ	10^{-12}

では，単位換算の基本的な練習をしてみましょう．

〈問題1〉　次の□にあてはまる数はいくらか．

(1)　$2 \text{〔M}\Omega\text{〕} = 2 \times 10^{ア}$ 〔Ω〕

(2)　$1 \text{〔km〕} = 1 \times 10^{イ}$ 〔m〕

(3)　$5 \text{〔cm〕} = 5 \times 10^{ウ}$ 〔m〕

(4)　$2 \text{〔mA〕} = 2 \times 10^{エ}$ 〔A〕

(5) $1 \, [\mu F] = 1 \times 10^{□} \, [F]$

(6) $5 \, [pF] = 5 \times 10^{□} \, [F]$

〈答〉 $2 \, [M\Omega]$ の M（メガ）は 10^6 の数を表すので，$2 \, [M\Omega] = 2 \times 10^6 \, [\Omega]$ となります．この要領で次の答となります．

(ア) 6, (イ) 3, (ウ) −2, (エ) −3, (オ) −6, (カ) −12

〈問題2〉 次に □ にあてはまる数はいくらか．

(1) $3\,000 \, [kW] = 3\,000 \times 10^{□} \, [MW] = 3 \, [MW]$

(2) $500 \, [V] = 500 \times 10^{□} \, [kV] = 0.5 \, [kV]$

(3) $0.2 \, [cm] = 0.2 \times 10^{□} \, [mm] = 2 \, [mm]$

〈答〉 $1\,000 \, [kW]$ が $1 \, [MW]$ となるので，

$$3\,000 \, [kW] = 3\,000 \div 1\,000 \, [MW]$$
$$= 3\,000 \times 10^{-3} \, [MW]$$
$$= 3 \, [MW]$$

となり，(ア)は −3 となります．この要領で次の答になれば正解です．

(ア) −3, (イ) −3, (ウ) 1

ここが重要！

M（メガ） $= 10^6$ 　　m（ミリ） $= 10^{-3}$
k（キロ） $= 10^3$ 　　μ（マイクロ） $= 10^{-6}$
c（センチ） $= 10^{-2}$ 　　p（ピコ） $= 10^{-12}$

● さあ！練習問題にチャレンジ

〔問5−3〕 次の □ にあてはまる数はいくらか．

(1) $5 \, [MW] = 5 \times 10^{□} \, [kW] = 5 \times 10^{□} \, [W]$

(2) $0.3 \, [kA] = 0.3 \times 10^{□} \, [A] = 300 \, [A]$

(3) $1\,000 \, [\mu F] = 1\,000 \times 10^{□} \, [F] = 0.001 \, [F]$

(4) $0.1 \, [m] = 0.1 \times 10^{□} \, [cm] = 10 \, [cm]$

(5) $6\,600 \, [V] = 6.6 \times 10^{□} \, [V] = 6.6 \, [kV]$

(6) $2\,000 \, [A] = 2 \times 10^{□} \, [A] = 2 \, [kA]$

4 応用問題にチャレンジ

10^n の計算に慣れてきましたので，実際に出題されるレベルの問題でどのように使えばよいかを示してください．

では，例題によって指数の使い方を学習しましょう．

> 〔例題1〕 ある屋内配線に 500〔V〕の電圧を加えたところ，0.1〔mA〕の漏れ電流が流れた．この配線の絶縁抵抗値〔MΩ〕は．
> (イ) 0.5　　(ロ) 5　　(ハ) 50　　(ニ) 500

すでに学習したように，この問題の絶縁抵抗値 R は，

$$R〔\Omega〕= \frac{V〔V〕}{I〔A〕}$$

で求まります．ここで，$V = 500$〔V〕と問題に与えられているので，I を〔A〕の単位で表すことにしましょう．

$$1〔mA〕= \frac{1}{1\,000}〔A〕= 10^{-3}〔A〕$$

ですから，

$$0.1〔mA〕= 0.1 \times 10^{-3}〔A〕$$

したがって，絶縁抵抗値 R は，

$$R = \frac{500}{0.1 \times 10^{-3}}〔\Omega〕$$

となりますが，$\frac{1}{10^{-3}} = 10^3$ となるので，

$$R = \frac{500}{0.1} \times 10^3 = 5\,000 \times 10^3〔\Omega〕$$

ここで，5 000 は 5×10^3 と表すことができるので，

$$R = 5 \times 10^3 \times 10^3 = 5 \times 10^6〔\Omega〕= 5〔M\Omega〕$$

と答が得られます．したがって，(ロ)が正しい答となります．
　では，例題2にうつりましょう．

> 〔例題2〕　三相誘導電動機の電圧200〔V〕，電流8〔A〕，力率80〔％〕とすれば，この電動機を10時間使用したときの電力量〔kW·h〕はおよそ．
> 　(イ)　12.8　　(ロ)　16.3　　(ハ)　22.2　　(ニ)　27.8

　三相回路の消費電力Pは，
$$P = \sqrt{3}\,VI\cos\theta \;\text{〔W〕}$$
　ここで，V：線間電圧〔V〕
　　　　　I：電流〔A〕
　　　　　$\cos\theta$：力率（小数）
で求めることができます．また，電力量W〔kW·h〕は，
$$W = P\,\text{〔kW〕} \times t\,\text{〔時間〕}$$
となります．tは10時間と問題に与えられているので，あとは〔kW〕の単位でPを求めれば答が得られます．
　では，Pを計算してみましょう．力率80〔％〕を小数で表すと，0.8となるので，
$$\begin{aligned}P &= \sqrt{3} \times 200 \times 8 \times 0.8\\ &= 1.73 \times 200 \times 8 \times 0.8\\ &= 2\,214\,\text{〔W〕}\end{aligned}$$
1 000〔W〕で1〔kW〕となるので，
$$P = 2\,214\,\text{〔W〕} = \frac{2\,214}{1\,000} = 2.214\,\text{〔kW〕}$$
　慣れてきたら$P = 2\,214 \times 10^{-3} = 2.214$〔kW〕と書くようにしましょう．したがって，
$$W = 2.214\,\text{〔kW〕} \times 10\,\text{〔h〕} = 22.14\,\text{〔kW·h〕}$$
となり，(ハ)が正しい答となります．なお，〔h〕は時間を表す単位です．

ここが重要！

(1) 絶縁抵抗 $R = \dfrac{V(\text{V})}{I(\text{A})} \times 10^{-6}$ 〔MΩ〕

(2) 三相電力 $P = \sqrt{3} \times V(\text{V}) \times I(\text{A}) \times$ 力率（小数） $\times 10^{-3}$ 〔kW〕

■さあ！練習問題にチャレンジ

〔問5－4〕

(1) 消費電力が500〔W〕の電熱器を，1時間30分使用したときの発熱量〔kJ〕は．

　　(イ) 450　　(ロ) 750　　(ハ) 1 800　　(ニ) 2 700

(2) 電線の接続不良により，接続点の接触抵抗が0.5〔Ω〕となった．この電線に10〔A〕の電流が流れると，接続点から1時間に発生する熱量〔kJ〕は．

　　(イ) 180　　(ロ) 360　　(ハ) 720　　(ニ) 1 440

(3) 単相100〔V〕の屋内配線回路で，消費電力100〔W〕の白熱電球4個と負荷電流5〔A〕，力率80〔％〕の単相電動機1台を10日間連続して使用したときの消費電力量〔kW・h〕の合計は．

　　(イ) 8　　(ロ) 192　　(ハ) 216　　(ニ) 246

(4) 三相誘導電動機を電圧200〔V〕，電流15〔A〕，力率80〔％〕で毎日4時間使用した場合，1か月（30日）間の消費電力量〔kW・h〕はおよそ．

　　(イ) 300　　(ロ) 500　　(ハ) 700　　(ニ) 900

(5) 単相回路で電圧200〔V〕を加えると2〔kW〕を消費する抵抗負荷がある．この抵抗負荷を100〔V〕電源に接続して8時間使用したときの消費電力量〔kW・h〕は．

　　(イ) 0.4　　(ロ) 4　　(ハ) 40　　(ニ) 400

(6) 低圧電路と大地との絶縁抵抗が0.1〔MΩ〕の場合，これに200〔V〕の電圧を加えたときの漏えい電流〔mA〕は．

　　(イ) 0.2　　(ロ) 2　　(ハ) 20　　(ニ) 200

第6章 やさしい方程式
（方程式と未知の抵抗計算）

1　方程式って何

方程式（ほうていしき）とはどんな式ですか．
また，方程式を解くにはどうすればよいですか．簡単な例をあげて説明してください．

次の例題1をもとに，まず，方程式とはどんな式かを説明します．

〔例題1〕　$I=50$〔A〕の電流が流れている抵抗の両端の電圧が2〔V〕のとき，その抵抗は何〔Ω〕か．
　（イ）0.04　　（ロ）10　　（ハ）25　　（ニ）100

求める抵抗をR〔Ω〕とすると，$V=IR$の公式から，
$$2 = 50R \qquad (1)$$
の式を立てることができます．

このように，値のわからない文字を含む式を方程式といい，この式が成り立つ文字の値を求めることを方程式を解くといいます．

方程式を解くには，次の性質を使います．

① 等式の両辺に同じ数を加えても等式は成り立つ
　　$A = B$ ならば $A + C = B + C$
② 等式の両辺から同じ数を引いても等式は成り立つ
　　$A = B$ ならば $A - C = B - C$
③ 等式の両辺に同じ数をかけても等式は成り立つ
　　$A = B$ ならば $AC = BC$
④ 等式の両辺を同じ数で割っても等式は成り立つ
　　$A = B$ ならば $\dfrac{A}{C} = \dfrac{B}{C}$

　さて,もう一度(1)式にもどって,R の値を求めてみましょう.(1)式の左辺と右辺を入れかえると,

$$50R = 2 \qquad (2)$$

　(2)式を $R = \boxed{}$ の形にするためには,④の性質を使って,両辺を50で割ると,

$$\frac{50R}{50} = \frac{2}{50}$$

$$R = \frac{2}{50} = 0.04 \,[\Omega]$$

となり,(1)式の方程式を解くことができます.したがって,例題の正しい答は(イ)となります.

　では,もう少し難しい方程式を解いてみましょう.

〔例題2〕 図の回路で,流れる電流が10 [A]のとき,抵抗 R は何 [Ω] か.

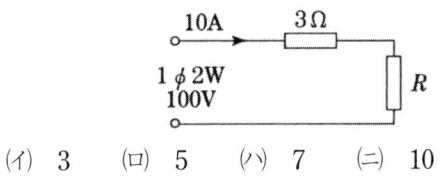

　　10A　　3Ω
　1φ2W
　100V　　　R

　(イ) 3　　(ロ) 5　　(ハ) 7　　(ニ) 10

例題2の合成抵抗は，$3+R$〔Ω〕となるので，方程式を立てると，

$$100 = 10(3+R) \tag{1}$$

(1)式は次の手順で解くことができます．

まず，④の性質を使って，両辺を10で割ると，

$$\frac{100}{10} = \frac{10(3+R)}{10}$$

$$10 = 3+R$$

次に，②の性質を使って両辺から3を引くと，

$$10-3 = 3+R-3$$

$$7 = R$$

左辺と右辺を入れかえて，

$$R = 7 \,〔Ω〕$$

したがって，(ハ)が正しい答となります．

ここが重要！

(1) 値のわからない文字を含む式を方程式という．
(2) 方程式を解くには次の性質を使う．
 $A = B$ のとき，
 (ア) $A+C = B+C$
 (イ) $A-C = B-C$
 (ウ) $AC = BC$
 (エ) $\dfrac{A}{C} = \dfrac{B}{C}$

さあ！練習問題にチャレンジ

〔問6-1〕 等式の性質を使って，次の方程式を解け．

(1) $x-3 = 4$ (2) $x+4 = 6$ (3) $\dfrac{x}{3} = 2$

(4) $10x = 20$ (5) $2x-3 = 9$ (6) $3x-4 = 5$

2 移項って何

方程式を解くには，移項（いこう）を使うとのことですが，移項はどんな計算をすることですか．

いま，$x+3=5$ という方程式を解くことを考えてみましょう．

この方程式は，両辺から 3 を引いて，

$x+3-3=5-3$

$x=2$

と求まりますが，この計算は左辺の $+3$ を右辺に移し，符号をマイナスに変えて，

$x\boxed{+3}=5-3$

$x=2$

とする計算をしたのと同じことになります．

このように，一方の辺にある項を符号を変えて他の辺に移すことを**移項**といいます．

では，移項の練習をしてみましょう．

〔例題1〕　$2x-3=1$

まず，-3 を右辺に移項して，

$2x=1+3$

$2x=4$

両辺を 2 で割って，

$x=2$

〔例題2〕　$-15=-3x+6$

まず，$-3x$ を左辺に移項して，

$3x-15=6$

次に，15 を右辺に移項して，

$3x=6+15$

$3x = 21$

両辺を 3 で割って,

$x = 7$

このように,移項を使うと方程式をスピーディーに解くことができます．

● さあ！練習問題にチャレンジ

〔問 6 − 2〕 移項を使って，次の方程式を解け．

(1) $2x - 3 = 1$ (2) $2 - 5x = -8$ (3) $\dfrac{x}{3} - 1 = \dfrac{2}{3}$

(4) $4x - 6 = 2x - 2$ (5) $8 = 2(x + 2) - 2$

3 未知抵抗を求めてみよう

方程式が解けるようになってきましたので，実際に出題されるレベルの問題の解き方を説明してください．

まず，例題1にチャレンジしてみましょう．

〔例題1〕 ある電熱器に 100〔V〕の電圧を加えると，2〔kW〕の電力を消費した．この電熱器の抵抗〔Ω〕は．
  (イ) 0.02　(ロ) 5　(ハ) 20　(ニ) 500

単相交流の消費電力 P は，電圧を V〔V〕，電流を I〔A〕，力率を $\cos\theta$（小数）とすれば，

$P = VI\cos\theta$ 〔W〕

となりますが，電熱器の力率は 1 ですから，

$P = VI$ 〔W〕　　　　　　　　　　　(1)

となります．

ここで，$I = \dfrac{V}{R}$〔A〕であるので，これを(1)式に代入すると，

$$P = V \times \frac{V}{R} = \frac{V^2}{R} \text{ (W)}$$

となります．これに $P = 2 \times 10^3 = 2\,000$ 〔W〕，$V = 100$ 〔V〕を代入すると，

$$2\,000 = \frac{(100)^2}{R} = \frac{10\,000}{R}$$

両辺に R をかけると，

$2\,000R = 10\,000$

両辺を $2\,000$ で割ると，

$$R = \frac{10\,000}{2\,000} = 5 \text{ (Ω)}$$

となり，(ロ)が正しい答となります．

では，次は例題2です．

〔例題2〕 内部抵抗 10 〔kΩ〕，最大指示 10 〔V〕の直流電圧計で，最大 50 〔V〕まで測れるようにするために必要な倍率器の抵抗〔kΩ〕は．

　(イ)　20　　(ロ)　30　　(ハ)　40　　(ニ)　50

内部抵抗 10 〔kΩ〕，最大指示 10 〔V〕の直流電圧計は，

$$I = \frac{10 \text{ (V)}}{10 \text{ (kΩ)}} = \frac{10}{10 \times 10^3} = 10^{-3} \text{ (A)}$$

の電流が流れると，最大表示を示します．

したがって，第1図のように，抵抗 R を電圧計と直列につなぎ，10^{-3} 〔A〕の電流が流れたとき，R に $50 - 10 = 40$ 〔V〕が加わるようにすれば 50 〔V〕まで測定できるようになります．

よって，

　　$40 = R \times 10^{-3}$

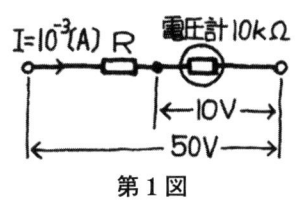

第1図

両辺に $10^3 = 1\,000$ をかけると，

$$40 \times 10^3 = R \times 10^{-3} \times 10^3 = R \times 10^0 = R$$

これから，

$$R = 40 \times 10^3 \,[\Omega] = 40 \,[\mathrm{k}\Omega]$$

となり，(ハ)が正しい答です．なお，電圧計の測定範囲を広げるために，電圧計と直列につないだ抵抗を**倍率器**（ばいりつき）といいます．

例題3は，電流計の測定範囲を広げることに関する問題です．

〔例題3〕 図のように内部抵抗 $0.1\,[\Omega]$，最大指示 $1\,[\mathrm{A}]$ の電流計Ⓐに分流器 R を接続し，測定範囲を $15\,[\mathrm{A}]$ に拡大したい．R の抵抗値 $[\Omega]$ は．

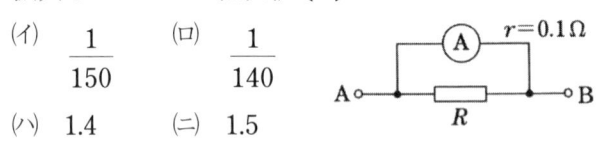

(イ) $\dfrac{1}{150}$　　(ロ) $\dfrac{1}{140}$

(ハ) 1.4　　(ニ) 1.5

第2図のように，A端子から $15\,[\mathrm{A}]$ の電流が流れ込んできたとき，$1\,[\mathrm{A}]$ が電流計に流れるようにすればよいので，電流計と並列に接続する抵抗 R には，$15-1\,[\mathrm{A}]$ 流れるものとします．

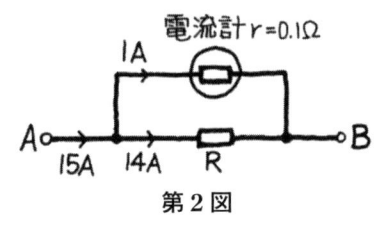

第2図

抵抗 R の両端の電圧は，電流計の電圧に等しく，

$$V = 1 \times 0.1 = 0.1 \,[\mathrm{V}]$$

となるので，R についての方程式は次の式となります．

$$0.1 = R \times (15 - 1) = 14R$$

両辺を 14 で割ると,

$$\frac{0.1}{14} = \frac{14R}{14} = R$$

したがって,

$$R = \frac{0.1}{14} [\Omega]$$

すでに学習したように,同じ数を分母・分子にかけても分数の値は変わらないので,分母・分子に 10 をかけると,

$$R = \frac{0.1 \times 10}{14 \times 10} = \frac{1}{140} [\Omega]$$

となり,(ロ)が正しい答です.なお,このように電流計の測定範囲を広げるために,電流計と並列につないだ抵抗を**分流器**(ぶんりゅうき)と呼んでいます.

ここが重要!

(1) 単相交流の消費電力

$P = V [\text{V}] \times I [\text{A}] \times 力率 (小数) = VI \cos \theta [\text{W}]$

ただし,電熱器や白熱電球など抵抗体だけでできた電気器具の力率は 1(%で表すと 100 [%])となる.

(2) 倍率器

電圧計の測定範囲を拡大するためには,

$$I = \frac{V_0}{r} [\text{A}]$$

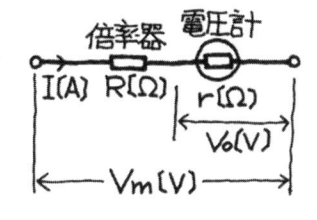

流れたときに,倍率器 $R [\Omega]$ に $V_m - V_0 [\text{V}]$ が加わるようにすればよいので,次の式を立てることができる.

$$V_m - V_0 = R \times \frac{V_0}{r}$$

(3) 分流器

電流計の測定範囲を拡大するためには,$I_m [\text{A}]$ の電流が流れ込んできたとき,分流器 $R [\Omega]$

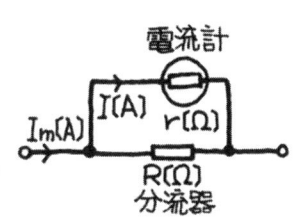

に，$I_m - I$〔A〕の電流が流れるようにすればよいので，次の式を立てることができる．

$$I \times r = (I_m - I) \times R$$

●さあ！練習問題にチャレンジ

〔問6-3〕

(1) 定格電圧100〔V〕，容量100〔W〕の白熱電球を単相100〔V〕回路で点灯するとき，この白熱電球の抵抗〔Ω〕は．

　(イ) 1　　(ロ) 10　　(ハ) 100　　(ニ) 1 000

(2) 図のような回路で，抵抗R〔Ω〕に流れる電流が5〔A〕であった．Rの値〔Ω〕は．

　(イ) 1.6　　(ロ) 7.5　　(ハ) 16
　(ニ) 19.8

(3) 図のような回路で，電流計Ⓐは10〔A〕を示している．抵抗Rで消費する電力〔W〕は．

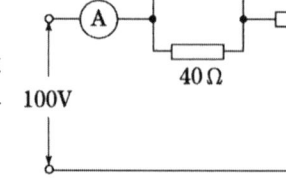

　(イ) 20　　(ロ) 40　　(ハ) 100
　(ニ) 200

(4) 内部抵抗120〔kΩ〕，最大目盛150〔V〕の電圧計を利用して最大目盛で900〔V〕の電圧を測定するのに必要な直列抵抗〔kΩ〕は．

　(イ) 480　　(ロ) 600　　(ハ) 720
　(ニ) 840

(5) 図のような回路で，電流計Ⓐ₁の読みが28〔A〕，電流計Ⓐ₂の読みが8〔A〕である．電流計Ⓐ₂の内部抵抗〔Ω〕は．

　(イ) 0.002　　(ロ) 0.082
　(ハ) 0.125　　(ニ) 0.250

4 いろいろな方程式問題にチャレンジ

未知抵抗を方程式を使って解くパターンがわかってきましたが，この他に方程式を使う問題にはどんなものがあるのか示してください．

では，今までに出題された問題をとりあげて説明しましょう．

〔例題1〕 抵抗率 0.02 〔$\Omega mm^2/m$〕，長さ 40 〔m〕の電線の抵抗が 0.4 〔Ω〕になる太さ〔mm^2〕は．
(イ) 2.0　　(ロ) 3.4　　(ハ) 5.5　　(ニ) 8.0

例題1は電線の太さ（断面積）を求める問題ですので，電線の抵抗を求める公式を思い出そう．

$$R = \rho \frac{l}{S} 〔\Omega〕 \quad (1)$$

ここで，$R = 0.4$ 〔Ω〕，$\rho = 0.02$ 〔$\Omega mm^2/m$〕，$l = 40$ 〔m〕を(1)式に代入すると，

$$0.4 = \frac{0.02 \times 40}{S} = \frac{0.8}{S} \quad (2)$$

の方程式が得られます．(2)式から S 〔mm^2〕を求めるには，まず，両辺に S をかけて，

$$0.4S = 0.8$$

次に，両辺を 0.4 で割って，

$$S = \frac{0.8}{0.4} = 2 〔mm^2〕$$

したがって，(イ)が正しい答となります．

〔例題2〕 ある電気器具に単相100〔V〕を加えると，5〔A〕の電流が流れ，10時間連続使用して3〔kW·h〕を計量した．この器具の力率〔％〕は．

　　(イ) 50　　(ロ) 60　　(ハ) 70　　(ニ) 80

例題2は，力率を求める問題です．

単相交流の消費電力 P は

$$P = V〔V〕\times I〔A〕\times 力率（小数）$$

より，

$$P = VI\cos\theta〔W〕 = \frac{VI\cos\theta}{1000}〔kW〕$$

電力量 W は，

$$W = P〔kW〕\times t〔時間〕 = Pt〔kW·h〕$$

となることより，

$$W = \frac{VI\cos\theta}{1000}\times t〔kW·h〕 \qquad (1)$$

(1)式に，$W = 3$〔kW·h〕，$V = 100$〔V〕，$I = 5$〔A〕，$t = 10$〔時間〕を代入すると，次の方程式が得られます．

$$3 = \frac{100\times 5\times\cos\theta}{1000}\times 10 = \frac{5\times 1000}{1000}\cos\theta$$

$$3 = 5\cos\theta$$

この両辺を5で割ると，

$$\cos\theta = \frac{3}{5} = 0.6$$

力率を％で表すには，100倍すればよいので，

$$\cos\theta〔％〕 = 0.6\times 100 = 60〔％〕$$

したがって，(ロ)が正しい答となります．

[例題3] 三相3線式200〔V〕の回路で,消費電力2〔kW〕,力率80〔%〕のルームエアコンを使用した場合,回路に流れる電流〔A〕は,およそ.
  (イ) 4.6   (ロ) 5.8   (ハ) 7.2   (ニ) 12.5

例題3は,三相電力に関する問題です.

右の図において,三相電力は,線間電圧をV〔V〕,電流をI〔A〕,力率を$\cos\theta$(小数)とすると,

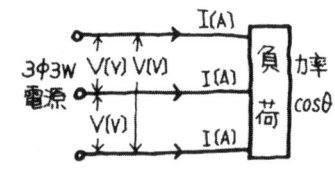

$$P = \sqrt{3}\,VI\cos\theta \text{〔W〕} \tag{1}$$

で与えられます.

(1)式に問題で与えられた$P = 2$〔kW〕$= 2 \times 10^3$〔W〕,$V = 200$〔V〕,$\cos\theta = 0.8$を代入すると,

$$2 \times 10^3 = \sqrt{3} \times 200 \times I \times 0.8$$
$$2 \times 10^3 = 160\sqrt{3}\,I$$

この両辺を$160\sqrt{3}$で割ると,

$$I = \frac{2 \times 10^3}{160\sqrt{3}} = \frac{2\,000}{160 \times 1.73} = 7.22 \text{〔A〕}$$

と電流が求まります.したがって,(ハ)が正しい答です.

ここが重要!

(1) **電線の抵抗**

$$R = \rho\frac{l}{S} : S\text{を求めるには}\ S = \frac{\rho l}{R}$$

(2) **単相交流の消費電力**

$$P = VI\cos\theta : \cos\theta\text{を求める場合には}\ \cos\theta = \frac{P}{VI}$$

(3) **三相交流の消費電力**

$$P = \sqrt{3}\,VI\cos\theta$$

I を求める場合には，$I = \dfrac{P}{\sqrt{3}V\cos\theta}$

● さあ！練習問題にチャレンジ

〔問6－4〕

(1) 直径1.6〔mm〕,長さ200〔m〕の電線と抵抗が等しい直径3.2〔mm〕の電線の長さ〔m〕は．ただし，材質は同じものとする．

　　(イ)　100　　(ロ)　200　　(ハ)　400　　(ニ)　800

(2) 単相200〔V〕回路で消費電力2.0〔kW〕,力率80〔％〕のルームエアコンを使用した場合，回路に流れる電流〔A〕は．

　　(イ)　7.5　　(ロ)　8.0　　(ハ)　10.0　　(ニ)　12.5

(3) 単相2線式200〔V〕回路で消費電力6〔kW〕,力率60〔％〕の電気機器を使用したときの電流〔A〕はいくらか．また，その電流は力率を85〔％〕にしたときの電流のおよそ何倍か．

(イ) $\begin{cases} 18〔A〕 \\ 0.7倍 \end{cases}$　(ロ) $\begin{cases} 18〔A〕 \\ 1.4倍 \end{cases}$　(ハ) $\begin{cases} 50〔A〕 \\ 0.7倍 \end{cases}$　(ニ) $\begin{cases} 50〔A〕 \\ 1.4倍 \end{cases}$

(4) 200〔V〕,三相3線式で10〔kW〕の負荷に供給している場合の線電流はおよそ何〔A〕か．ただし，力率は80〔％〕とする．

　　(イ)　21　　(ロ)　36　　(ハ)　48　　(ニ)　63

5　やさしい二次方程式

【問題】　5〔Ω〕の抵抗の消費電力が125〔W〕であるとき，この抵抗に流れている電流〔A〕はいくらか．

上のような問題は，

$P = RI^2$

から求めればよいと思いますが，

$I^2 = \dfrac{P}{R} = \dfrac{125}{5}$

のあとは，どう計算すればよいのでしょうか．

質問のように値のわからない文字が2乗の形で含まれている方程式を二次方程式（にじほうていしき）といいます．

最もやさしい二次方程式は，

$$x^2 = A \qquad (1)$$

の形になる方程式です．

(1)式が成り立つ x は，2乗すると A になる数ですから，

$$x = \sqrt{A}$$

が(1)式の解となります．

たとえば，二次方程式が，

$$x^2 = 4 \qquad (2)$$

とすれば，x は2乗すると4になる

$$x = \sqrt{4} = 2$$

が(2)式の解となります．

したがって，質問の

$$I^2 = \frac{P}{R} = \frac{125}{5} = 25$$

については，

$$I = \sqrt{25} = 5 〔A〕$$

が答となります．

ここが重要！

二次方程式 $x^2 = A$ の解は，$x = \sqrt{A}$ となる．

（例）　$x^2 = 4$ のとき，$x = \sqrt{4} = 2$

（例）　$x^2 = 25$ のとき，$x = \sqrt{25} = 5$

〔注〕　くわしくは，$x^2 = A$ の解は $x = \pm\sqrt{A}$ であるが，試験で出題される量は一般にはマイナスの値はないので，ここではプラスの値のみを解とした．

◆ さあ！練習問題にチャレンジ

〔問 6 – 5〕

(1) 次の二次方程式を解け．ただし，解はプラスの符号の値のみでよい．

① $x^2=2$　② $x^2=3$　③ $x^2=4$　④ $x^2=9$　⑤ $x^2=25$

(2) 断面積が 8 [mm²] となる単線の直径はいくらか．

　　(イ) 3.2　(ロ) 5.0　(ハ) 5.4　(ニ) 6.3

(3) 直径 4 [mm] の軟銅線と長さが同じで，抵抗の等しいアルミ線の直径 [mm] は．ただし，軟銅線に対しアルミ線の導電率は 64 [%] とする．

　　(イ) 3.2　(ロ) 5.0　(ハ) 5.4　(ニ) 6.3

(4) 図のような交流回路でインピーダンスが 10 [Ω] となる抵抗 [Ω] は．

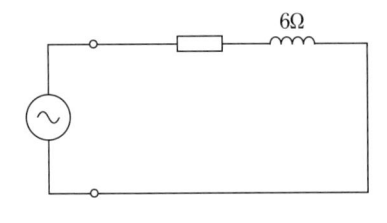

　　(イ) 4　(ロ) 6　(ハ) 8　(ニ) 9

第7章 やさしい三角関数
（三角関数と力率計算）

1　三角関数って何

まず，三角関数とは何か．やさしく説明してください．

三角関数とは，簡単にいえば，第1図のような直角三角形の辺の長さの関係のことです．

いま，角度 θ が定まると，

$$\frac{b}{a}, \frac{c}{a}, \frac{b}{c}$$

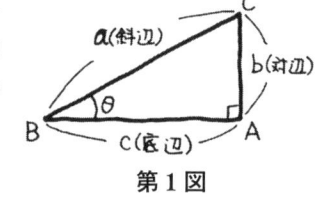

の値もある定まった値をとるようになり，これらをおのおの，

$$\begin{cases} \sin\theta \text{（サインシータ）} = \dfrac{b}{a} \\ \cos\theta \text{（コサインシータ）} = \dfrac{c}{a} \\ \tan\theta \text{（タンゼントシータ）} = \dfrac{b}{c} \end{cases}$$

と表します．

第1図

―〈三角関数の覚え方〉―

右のように，最初のアルファベットの筆記体の筆順に対応する辺の長さを分母 → 分子の順に書けばよい．

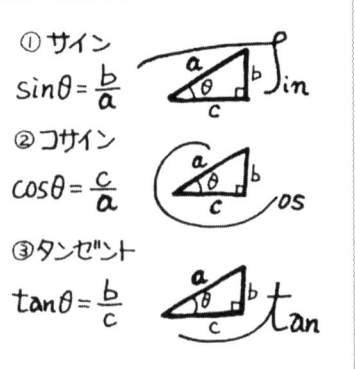

① サイン
$\sin\theta = \dfrac{b}{a}$

② コサイン
$\cos\theta = \dfrac{c}{a}$

③ タンゼント
$\tan\theta = \dfrac{b}{c}$

たとえば，第2図のような直角三角形から，

$$\sin 36.9° = \frac{3}{5} = 0.6$$

$$\cos 36.9° = \frac{4}{5} = 0.8$$

$$\tan 36.9° = \frac{3}{4} = 0.75$$

が求まります．

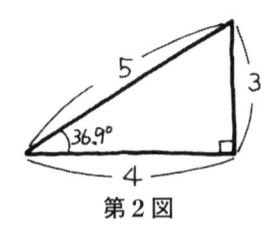

第2図

ここが重要！ 右の図のような直角三角形の辺の長さの関係は，次のように表される．

$$\sin\theta = \frac{b}{a} \quad \cos\theta = \frac{c}{a} \quad \tan\theta = \frac{b}{c}$$

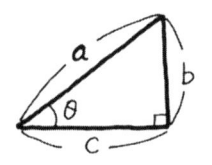

● さあ！練習問題にチャレンジ

〔問7－1〕 次の直角三角形について，sin, cos, tan の三角関数を求めよ．

(1) 辺 5, 4, 3，角 53.1°

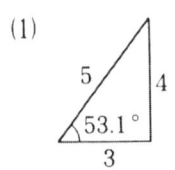

(2) 辺 $\sqrt{2}$, 1, 1，角 45°

(3) 辺 2, 1, $\sqrt{3}$，角 30°

―82―

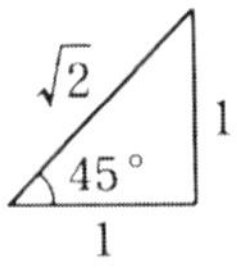

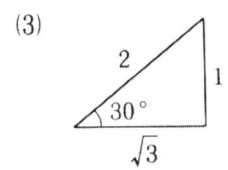

2 　ピタゴラスの定理って何

直角三角形については，ピタゴラスの定理で辺の長さが決まるとのことですが，ピタゴラスの定理って何ですか．

ピタゴラスの定理とは，第1図のような直角三角形について，
$$a^2 = b^2 + c^2$$
$\begin{pmatrix}\text{最も長い辺の2乗は，他の辺の2乗}\\ \text{を足した値に等しい}\end{pmatrix}$

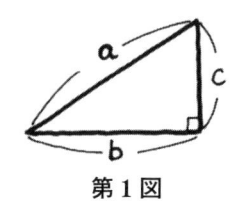

第1図

というものです．

　　第2図〜第4図の代表的な直角三角形について，この関係が成り立っているかどうか調べてみましょう．

第2図 $\begin{cases} a^2 = 5^2 = 25 \\ b^2 + c^2 = 4^2 + 3^2 \\ \qquad = 16 + 9 \\ \qquad = 25 \end{cases}$

第2図

第3図 $\begin{cases} a^2 = 2^2 = 4 \\ b^2 + c^2 = (\sqrt{3})^2 + 1^2 \\ \qquad = 3 + 1 \\ \qquad = 4 \end{cases}$

第3図

第4図 $\begin{cases} a^2 = (\sqrt{2})^2 = 2 \\ b^2 + c^2 = 1^2 + 1^2 \\ \qquad = 1 + 1 \\ \qquad = 2 \end{cases}$

第4図

このように，ピタゴラスの定理が成り立っていることがわかります．

　　なお，ピタゴラスの定理を使うと，次のことがわかります．

[cos θ = 0.8 のとき，sin θ はいくらか]

cos θ = 0.8 の直角三角形は，第5図のような三角形です．

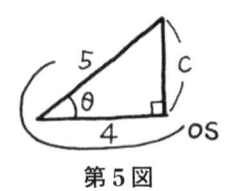

ここで，c の長さを求めると，
$5^2 = 4^2 + c^2$
$25 = 16 + c^2$

16 を移項すると，
$c^2 = 25 - 16 = 9$

この二次方程式を解くと，
$c = \sqrt{9} = 3$

したがって，第6図の直角三角形から，
$\sin \theta = \dfrac{3}{5} = 0.6$

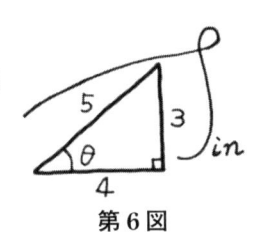

となります．

〈ピタゴラスの定理〉

図のような直角三角形について，各辺の長さ a，b，c の間には，
$a^2 = b^2 + c^2$
の関係式が成り立つ．

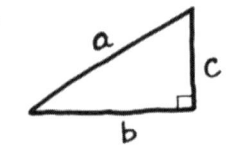

さあ！練習問題にチャレンジ

〔問7-2〕 図の辺の長さ c を，ピタゴラスの定理を使って求めよ．

(1) (2) 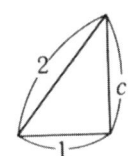 (3)

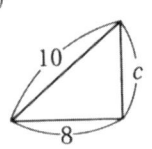

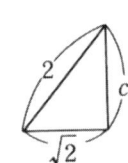

3 力率はなぜcos θって書くの

力率のことを，よく $\cos\theta$ のように書きますが，なぜコサインを使うのですか．また，力率についてわかりやすく説明してください．

力率について説明する前に，交流回路について復習しておきましょう．

第1図の回路で，

(1) インピーダンス

$$Z = \sqrt{R^2 + X^2}\ [\Omega]$$

(2) 電　流

$$I = \frac{V}{\sqrt{R^2 + X^2}}\ [A]$$

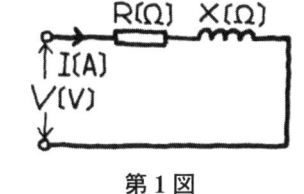

(3) 消費電力

$$P = RI^2 = R \cdot \frac{V^2}{R^2 + X^2}\ [W]$$

(4) 無効電力

$$Q = XI^2 = X \cdot \frac{V^2}{R^2 + X^2}\ [var]$$

第1図

以上でした．さて，ここで，もう1つ次のことを覚えておきましょう．

(5) 皮相電力

$$S = VI\ [V\cdot A]$$

電源からみると，V [V] で I [A] が流れることから，あたかも電力は，VI のようにみえます．これを皮相電力といい，単位は [V·A] で表します．

このように，交流回路の電力には，消費電力 (P)，無効電力 (Q)，皮相電力 (S) の3つがありますが，力率は，このうちの P と S について，

$$力率 = \frac{消費電力(P)}{皮相電力(S)}$$

として定めた値です．したがって，この式から，

　　消費電力 (P) ＝ 皮相電力 (S) × 力率

と表すこともできます．

　ところで，以上の3つの電力の大きさの関係は第2図のような直角三角形の辺の大きさとなります．

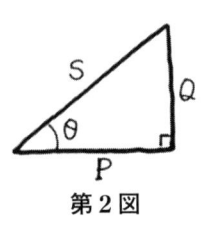

　では，実際に直角三角形の辺の関係になるかどうか，ピタゴラスの定理を使って確かめてみましょう．

第2図

① $S^2 = (VI)^2 = V^2 \times I^2 = V^2 \times \left(\dfrac{V}{\sqrt{R^2+X^2}}\right)^2$

$\qquad = \dfrac{V^2 \times V^2}{(\sqrt{R^2+X^2})^2} = \dfrac{V^4}{R^2+X^2}$

② $P^2 + Q^2 = \left(\dfrac{RV^2}{R^2+X^2}\right)^2 + \left(\dfrac{XV^2}{R^2+X^2}\right)^2$

$\qquad = \dfrac{R^2V^4}{(R^2+X^2)^2} + \dfrac{X^2V^4}{(R^2+X^2)^2}$

$\qquad = \dfrac{R^2V^4 + X^2V^4}{(R^2+X^2)^2}$

$\qquad = \dfrac{(R^2+X^2)V^4}{(R^2+X^2)^2} = \dfrac{V^4}{R^2+X^2}$

　このようにして，$S^2 = P^2 + Q^2$ の関係が成り立つことがわかります．したがって，第3図から，

$$力率 = \frac{P}{S} = \cos\theta$$

となり，これが力率を $\cos\theta$ と表す理由です．なお，角度 θ を力率角といいます．

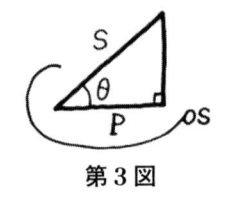

第3図

ここが重要！

(1) 皮相電力 S [V·A], 消費電力 P [W], 無効電力 Q [var] は, 図のような直角三角形の辺の長さの関係となる．

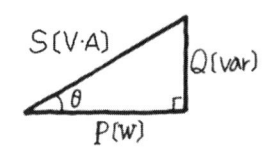

(2) 力率は,

$$力率 = \frac{消費電力 P}{皮相電力 S} = \cos\theta$$

したがって,

消費電力 P [W] = 皮相電力 S [V·A] $\times \cos\theta$（小数）

さあ！練習問題にチャレンジ

〔問7-3〕

(1) 皮相電力 100 [V·A], 消費電力 80 [W] のとき, 力率は.
　(イ) 0.5　(ロ) 0.6　(ハ) 0.7　(ニ) 0.8

(2) 図のような回路に, 交流電圧 100 [V] を加えた場合, 流れる電流と力率 [%] は.

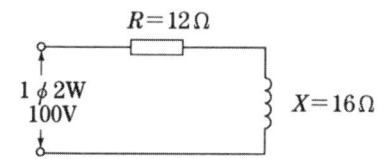

(イ) $\begin{cases} 3.6 [A] \\ 60 [\%] \end{cases}$　(ロ) $\begin{cases} 3.6 [A] \\ 80 [\%] \end{cases}$　(ハ) $\begin{cases} 5.0 [A] \\ 60 [\%] \end{cases}$　(ニ) $\begin{cases} 5.0 [A] \\ 80 [\%] \end{cases}$

(3) 図の回路におけるインピーダンス Z [Ω] と力率 PF [%] は.

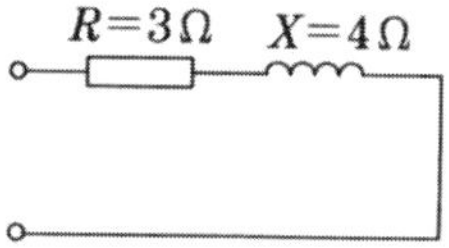

(イ) $\begin{cases} Z = 5 \\ PF = 80 \end{cases}$　(ロ) $\begin{cases} Z = 5 \\ PF = 60 \end{cases}$　(ハ) $\begin{cases} Z = 7 \\ PF = 60 \end{cases}$　(ニ) $\begin{cases} Z = 7 \\ PF = 80 \end{cases}$

(4) 図のような回路の力率 [%] と消費電力 [W] は.

(イ) $\begin{cases} 60 [\%] \\ 600 [W] \end{cases}$　(ロ) $\begin{cases} 80 [\%] \\ 600 [W] \end{cases}$
(ハ) $\begin{cases} 60 [\%] \\ 800 [W] \end{cases}$　(ニ) $\begin{cases} 80 [\%] \\ 800 [W] \end{cases}$

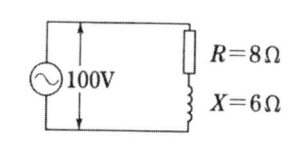

(5) 図のような回路で，抵抗に流れる電流が6〔A〕，リアクタンスに流れる電流が8〔A〕であるとき，回路の力率〔%〕は．

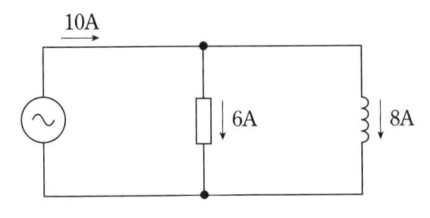

　(イ)　43　　(ロ)　60　　(ハ)　75　　(ニ)　80

4　交流回路の電流の合成は

図のような交流回路の電流についても直角三角形の関係があるとのことですが．

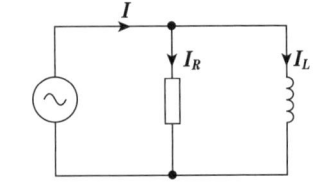

第3章の3節で学習したように，抵抗に流れる電流 I_R と，コイルを流れる電流 I_L には波形のズレがあり，I_R と I_L を加えても，$I_R + I_L$ の値にはなりません．

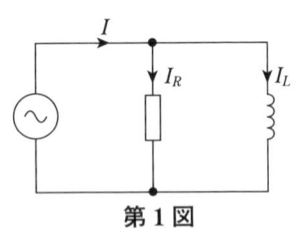

このような場合には，第3図のような直角三角形を用いて次の計算をします．

$$I = \sqrt{I_R^2 + I_L^2}$$

では，具体的に例題について，計算してみましょう．

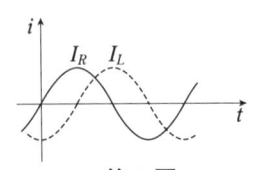

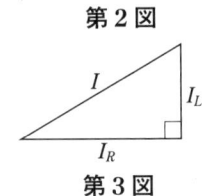

第1図

第2図

第3図

〔例題1〕 図のような交流回路で，抵抗に流れる電流が4〔A〕，コイルに流れる電流が3〔A〕であるとき，電流計Ⓐの指示値〔A〕は． 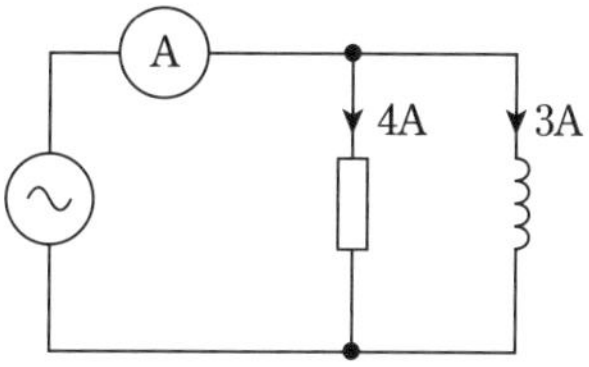
　(イ) 1　　(ロ) 3　　(ハ) 4　　(ニ) 5

　電流の関係を表す直角三角形は第4図となるので，電流計の指示値は，
$$I = \sqrt{4^2 + 3^2} = \sqrt{25} = 5〔A〕$$
となり，(ニ)が正解となります．

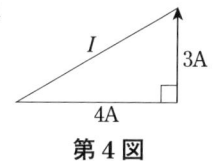

第4図

〔例題2〕 図のような交流回路で，抵抗に流れる電流が4〔A〕，コイルに流れる電流が8〔A〕，コンデンサに流れる電流が5〔A〕のとき，電流計Ⓐの指示値は． 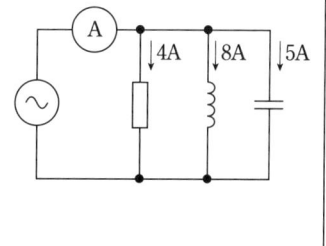
　(イ) 5　　(ロ) 8　　(ハ) 12　　(ニ) 17

　コンデンサに流れる電流については，コイルに流れる電流の逆向きになると考えて，第5図の直角三角形の高さを8－5＝3〔A〕とします．

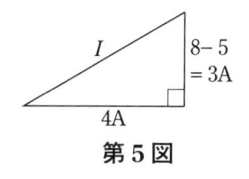

第5図

　したがって，電流計の指示値は，
$$I = \sqrt{4^2 + (8-5)^2} = \sqrt{4^2 + 3^2}$$
$$= \sqrt{25} = 5〔A〕$$
となり，(イ)が正解となります．

ここが重要!

図のような抵抗，コイル，コンデンサが並列につながれた回路の合成電流は，次式となる．

$$I = \sqrt{I_R^2 + (I_L - I_C)^2}$$

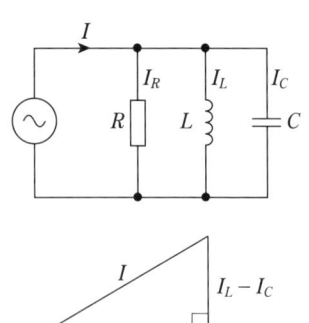

さあ！練習問題にチャレンジ

〔問7-4〕

(1) 図のような回路で，抵抗に流れる電流が8〔A〕，リアクタンスに流れる電流が6〔A〕であるとき，電流計Ⓐの指示値〔A〕は．

　(イ) 2　　(ロ) 10　　(ハ) 12　　(ニ) 14

(2) 図のような交流回路で，抵抗に流れる電流が8〔A〕，コンデンサに流れる電流が6〔A〕であるとき，電流計Ⓐの指示値〔A〕は．

　(イ) 2　　(ロ) 6　　(ハ) 8　　(ニ) 10

(3) 図のような回路で，Lに流れる電流が8〔A〕，Cに流れる電流が6〔A〕であるとき，電流計Ⓐの指示値〔A〕は．

　(イ) 2　　(ロ) 7　　(ハ) 10　　(ニ) 14

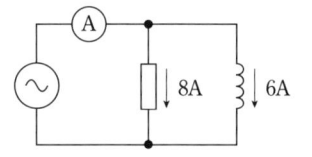

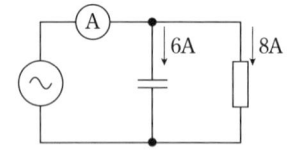

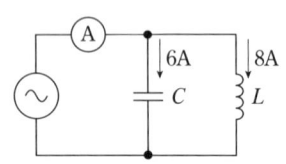

5　三角関数と電圧降下

教えて！

電圧降下の公式

$e = I(R\cos\theta + X\sin\theta)$

の使い方について，わかりやすく説明してください．

質問の公式は，第1図のような，抵抗 R〔Ω〕とリアクタンス X〔Ω〕の電線1条を通して，力率が $\cos\theta$（小数）の負荷に電流 I〔A〕を流すとき，V_r は V_s よりも，

$$e = I(R\cos\theta + X\sin\theta)\ [\text{V}]$$

電圧が低くなることを表すものです．

ただし，実際に第2種電気工事士の試験で出題される主なパターンは，第2図～第4図に示す回路となります．

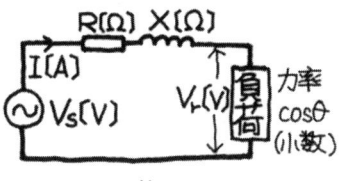

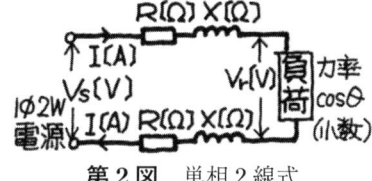

第1図

第2図 単相2線式

(1) **単相2線式**（第2図）

電流は電線2条を通して流れるので，

$$e = V_s - V_r = 2I(R\cos\theta + X\sin\theta)\ [\text{V}]$$

なお，$X = 0$ の条件が与えられた場合は，

$$e = V_s - V_r = 2IR\cos\theta\ [\text{V}]$$

となります．

〔**例題1**〕 図のような回路で，電線の抵抗は，4〔Ω/km〕である．AB間の電圧〔V〕は，およそ．

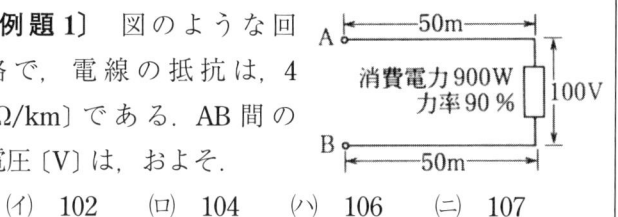

 (イ) 102　(ロ) 104　(ハ) 106　(ニ) 107

たとえば，例題1では，

$$P = VI\cos\theta\ [\text{W}]$$

より，

$$I = \frac{P}{V\cos\theta} = \frac{900}{100 \times 0.9} = 10\ [\text{A}]$$

—91—

また，電線1条の抵抗は，1〔km〕= 1 000〔m〕当たり4〔Ω〕であることから，

$$R = 4 \times \frac{50}{1\,000} = 0.2 \,〔Ω〕$$

となるので，AB 間の電圧 V_{AB} は，

$V_{AB} = 100 + e$
$\phantom{V_{AB}} = 100 + 2IR \cos\theta$
$\phantom{V_{AB}} = 100 + 2 \times 10 \times 0.2 \times 0.9$
$\phantom{V_{AB}} = 103.6 \,〔V〕$

となり，(ロ)が正解となります．

(2) **単相3線式**（第3図）

このパターンでは，一般に，$X = 0$，力率 $\cos\theta = 1$ の条件が与えられます．

またこれに加え，負荷1と負荷2が同じ負荷となる条件が与えられると，第3図のように，中性線に流れる電流は 0〔A〕となるので，

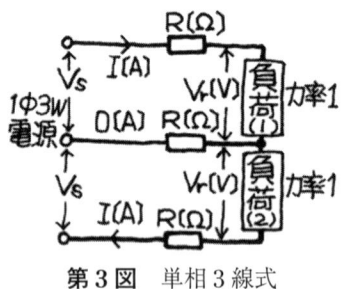

第3図　単相3線式

$e = V_s - V_r = IR \,〔V〕$

となります．

〔**例題2**〕　図のような単相3線式回路で，1〔kW〕の抵抗負荷の端子電圧が 100〔V〕であるとすると，電源側 ac 間の電圧〔V〕は．

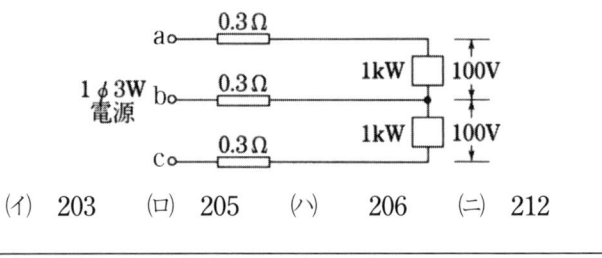

(イ) 203　　(ロ) 205　　(ハ) 206　　(ニ) 212

たとえば，例題2では，a線およびc線に流れる電流は，抵抗負荷より力率は1であるので，

$100 \times I = 1\,000$ 〔W〕

$I = \dfrac{1\,000}{100} = 10$ 〔A〕

また，b線の電流は0〔A〕となるので，ab間の電圧およびbc間の電圧は等しく，

$V_{ab} = V_{bc} = 100 + e = 100 + 0.3 \times 10 = 103$ 〔V〕

これから，ac間の電圧は，

$V_{ac} = 2 \times 103 = 206$ 〔V〕

となり，(ハ)が正しい答となります．

(3) **三相3線式**（第4図）

線間電圧の差 e は，次式で表されます．

$e = V_s - V_r = \sqrt{3}\,I\,(R\cos\theta + X\sin\theta)$ 〔V〕

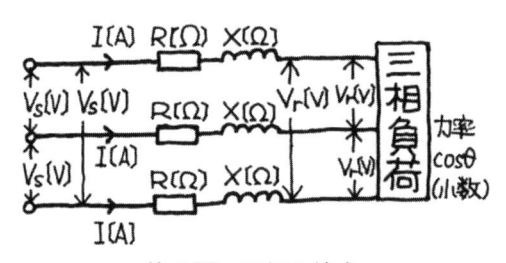

第4図　三相3線式

$X = 0$ の条件が与えられれば，

$e = V_s - V_r = \sqrt{3}\,IR\cos\theta$ 〔V〕

となります．

〔**例題3**〕　図のような三相交流回路において，電源の電圧〔V〕は，およそ．

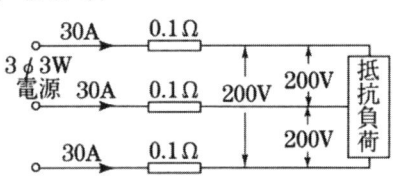

(イ) 200　　(ロ) 205　　(ハ) 210　　(ニ) 220

たとえば，例題3では，$X = 0$で，また抵抗負荷であることから力率$\cos\theta = 1$であるので，

$e = \sqrt{3}\,IR = \sqrt{3} \times 30 \times 0.1 = 5.2\,[\text{V}]$

したがって，電源の線間電圧は，

$V = 200 + e = 200 + 5.2 = 205.2\,[\text{V}]$

となり，(ロ)が正しい答となります．

ここが重要！

(1) 単相2線式の電圧降下

$e = 2I(R\cos\theta + X\sin\theta)\,[\text{V}]$

$X = 0$の条件が与えられているときは，

$e = 2IR\cos\theta\,[\text{V}]$

(2) 単相3線式の電圧降下

$X = 0$，力率1，中性線に流れる電流が0のときは，

$e = IR\,[\text{V}]$

(3) 三相3線式の電圧降下

$e = \sqrt{3}\,I(R\cos\theta + X\sin\theta)\,[\text{V}]$

$X = 0$の条件が与えられているときは，

$e = \sqrt{3}\,IR\cos\theta\,[\text{V}]$

●さあ！練習問題にチャレンジ

〔問 7 - 5〕

(1) 図の単相2線式回路で，a，b間の電圧〔V〕は．

　(イ) 98　　(ロ) 99　　(ハ) 101
　(ニ) 102

(2) 図のような回路で，a，b間に106〔V〕を加えたとき，c，d間の電圧〔V〕は．

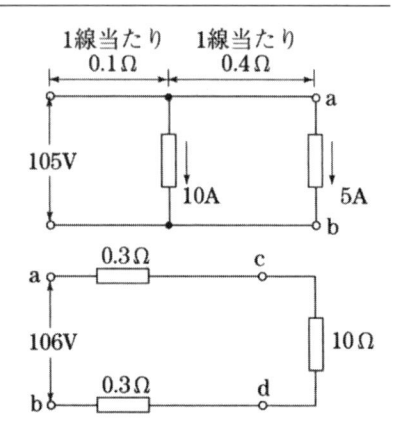

(イ) 98　(ロ) 99　(ハ) 100　(ニ) 101

(3) 図のような単相3線式回路で，100〔V〕，5〔A〕の抵抗負荷の端子電圧が100〔V〕であるとき，AB間およびBC間の電圧〔V〕は．

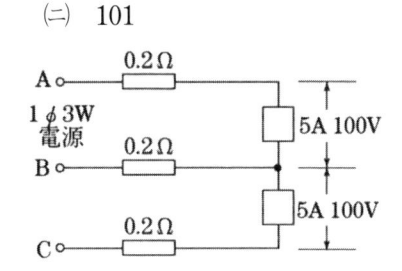

(イ) $\begin{cases} \text{AB間 100〔V〕} \\ \text{BC間 100〔V〕} \end{cases}$　(ロ) $\begin{cases} \text{AB間 101〔V〕} \\ \text{BC間 101〔V〕} \end{cases}$

(ハ) $\begin{cases} \text{AB間 101〔V〕} \\ \text{BC間 102〔V〕} \end{cases}$　(ニ) $\begin{cases} \text{AB間 102〔V〕} \\ \text{BC間 101〔V〕} \end{cases}$

(4) 図のような単相3線式回路において，BC間の電圧〔V〕は．ただし，負荷の力率は100〔％〕とする．

　(イ) 99　(ロ) 101　(ハ) 103
　(ニ) 105

(5) 図のような三相3線式回路において，電源の電圧〔V〕は，およそ．

　(イ) 203　(ロ) 210
　(ハ) 220　(ニ) 229

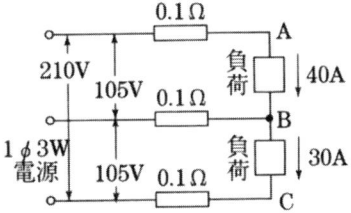

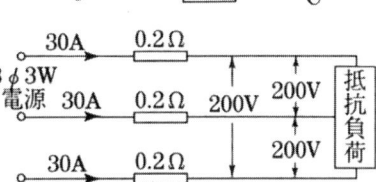

練習問題の解答

〔問 1 − 1〕

(1) ① 0.5 ② 0.8 ③ 1.333… ④ 0.75 ⑤ 0.333…

(2) ① $\dfrac{1}{2}$ ② $\dfrac{1}{2}$ ③ $\dfrac{2}{7}$ ④ $\dfrac{1}{9}$ ⑤ $\dfrac{1}{3}$

(3) ① $\dfrac{1}{10}$ ② $\dfrac{25}{100}=\dfrac{1}{4}$ ③ $\dfrac{18}{100}=\dfrac{9}{50}$ ④ $\dfrac{5}{100}=\dfrac{1}{20}$

　　⑤ $\dfrac{125}{100}=\dfrac{25}{20}=\dfrac{5}{4}$

〔問 1 − 2〕

(1) ① $\dfrac{1}{3}+\dfrac{1}{5}=\dfrac{5}{15}+\dfrac{3}{15}=\dfrac{5+3}{15}=\dfrac{8}{15}$

　　② $\dfrac{1}{2}-\dfrac{1}{3}=\dfrac{3}{6}-\dfrac{2}{6}=\dfrac{1}{6}$

　　③ $\dfrac{1}{4}-2=\dfrac{1}{4}-\dfrac{2}{1}=\dfrac{1}{4}-\dfrac{2\times 4}{4}=\dfrac{1-8}{4}=-\dfrac{7}{4}$

　　④ $1+\dfrac{1}{4}=\dfrac{1}{1}+\dfrac{1}{4}=\dfrac{4}{4}+\dfrac{1}{4}=\dfrac{5}{4}$

　　⑤ $\dfrac{1}{2}+\dfrac{1}{8}=\dfrac{4}{8}+\dfrac{1}{8}=\dfrac{5}{8}$

(2) ① 抵抗 A を R_A〔Ω〕, 抵抗 B を R_B〔Ω〕とすると,

$$R_A=\dfrac{2}{3}=\dfrac{8}{12}\,〔\Omega〕$$

$$R_B=\dfrac{3}{4}=\dfrac{9}{12}\,〔\Omega〕$$

$$R_B-R_A=\dfrac{9}{12}-\dfrac{8}{12}=\dfrac{1}{12}\,〔\Omega〕$$

したがって, 抵抗 B の方が $\dfrac{1}{12}$〔Ω〕大きい.

② 抵抗を直列につないだときの合成抵抗は，$R_A + R_B$ となるので，

$$R_A + R_B = \frac{2}{3} + \frac{3}{4} = \frac{8}{12} + \frac{9}{12} = \frac{17}{12} \, [\Omega]$$

〔問 1 − 3〕

① $\dfrac{2}{3} \times \dfrac{1}{4} = \dfrac{2 \times 1}{3 \times 4} = \dfrac{2}{12} = \dfrac{1}{6}$

② $\dfrac{3}{5} \times 3 = \dfrac{3 \times 3}{5} = \dfrac{9}{5}$

③ $\dfrac{4}{3} \times \dfrac{1}{2} = \dfrac{4 \times 1}{3 \times 2} = \dfrac{4}{6} = \dfrac{2}{3}$

④ $\dfrac{4}{9} \times \dfrac{3}{4} = \dfrac{4 \times 3}{9 \times 4} = \dfrac{12}{36} = \dfrac{1}{3}$

⑤ $\dfrac{5}{2} \times \dfrac{2}{5} = \dfrac{5 \times 2}{2 \times 5} = 1$

⑥ $4 \times \dfrac{1}{2} = \dfrac{4 \times 1}{2} = 2$

⑦ $\dfrac{1}{12} \times \dfrac{24}{5} = \dfrac{24}{12 \times 5} = \dfrac{2}{5}$

⑧ $\dfrac{5}{7} \times \dfrac{14}{3} = \dfrac{5 \times 14}{7 \times 3} = \dfrac{10}{3}$

〔問 1 − 4〕

① $\dfrac{2}{3} \div \dfrac{1}{4} = \dfrac{2}{3} \times \dfrac{4}{1} = \dfrac{8}{3}$

② $\dfrac{3}{5} \div 3 = \dfrac{3}{5} \times \dfrac{1}{3} = \dfrac{1}{5}$

③ $\dfrac{4}{3} \div \dfrac{1}{2} = \dfrac{4}{3} \times \dfrac{2}{1} = \dfrac{8}{3}$

④ $\dfrac{4}{9} \div \dfrac{2}{3} = \dfrac{4}{9} \times \dfrac{3}{2} = \dfrac{12}{18} = \dfrac{2}{3}$

⑤ $4 \div \dfrac{1}{2} = 4 \times 2 = 8$

⑥ $\dfrac{5}{12} \div \dfrac{1}{5} = \dfrac{5}{12} \times \dfrac{5}{1} = \dfrac{25}{12}$

⑦ $\dfrac{7}{9} \div \dfrac{7}{18} = \dfrac{7}{9} \times \dfrac{18}{7} = 2$

⑧ $\dfrac{1}{6} \div 6 = \dfrac{1}{6} \times \dfrac{1}{6} = \dfrac{1}{36}$

〔問1−5〕

① $\dfrac{3}{1+\dfrac{1}{2}} = \dfrac{3}{\dfrac{2}{2}+\dfrac{1}{2}} = \dfrac{3}{\dfrac{3}{2}} = 3 \times \dfrac{2}{3} = 2$

② $\dfrac{100}{5+\dfrac{6 \times 3}{6+3}} = \dfrac{100}{5+\dfrac{18}{9}} = \dfrac{100}{5+2} = \dfrac{100}{7}$

③ $\dfrac{1}{\dfrac{1}{5}+\dfrac{1}{10}} = \dfrac{1}{\dfrac{2}{10}+\dfrac{1}{10}} = \dfrac{1}{\dfrac{3}{10}} = 1 \times \dfrac{10}{3} = \dfrac{10}{3}$

④ $\dfrac{1}{3+\dfrac{1}{2}} \times \dfrac{1}{4} = \dfrac{1}{\dfrac{6}{2}+\dfrac{1}{2}} \times \dfrac{1}{4} = \dfrac{1}{\dfrac{7}{2}} \times \dfrac{1}{4} = \dfrac{2}{7} \times \dfrac{1}{4} = \dfrac{1}{14}$

⑤ $\dfrac{100}{3+\dfrac{4 \times 2}{4+2}} \times 3 = \dfrac{100}{3+\dfrac{8}{6}} \times 3 = \dfrac{100}{\dfrac{18}{6}+\dfrac{8}{6}} \times 3$

$= \dfrac{100}{\dfrac{26}{6}} \times 3 = 100 \times \dfrac{6}{26} \times 3 = \dfrac{1\,800}{26} = \dfrac{900}{13}$

〔問1−6〕

(1) 3〔Ω〕と6〔Ω〕の並列部分の合成抵抗は,

$R_1 = \dfrac{3 \times 6}{3+6} = \dfrac{18}{9} = 2$〔Ω〕

したがって，問題の回路は，次のようになる．

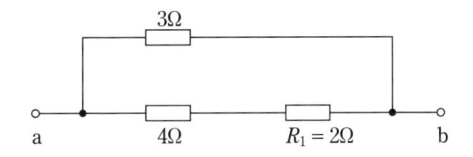

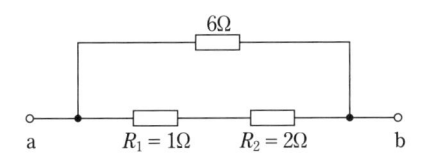

```
       3Ω
   ┌──[ ]──┐
 o─┤       ├─o
a  └─[ ]─[ ]─┘ b
      4Ω  R₁=2Ω
```

次に 4〔Ω〕と 2〔Ω〕の直列回路の合成抵抗は，

$R_2 = 4 + 2 = 6\,〔Ω〕$

となるので，次のように書き直すことができる．

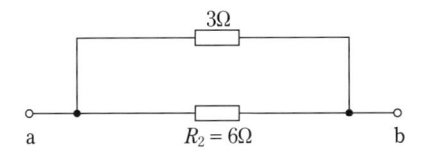

```
       3Ω
   ┌──[ ]──┐
 o─┤       ├─o
a  └──[ ]──┘  b
      R₂=6Ω
```

よって，全体の合成抵抗は，

$$R_{ab} = \frac{3 \times 6}{3+6} = \frac{18}{9} = 2\,〔Ω〕$$

答　(ロ)

(2)　2〔Ω〕と 2〔Ω〕の並列部分の合成抵抗は，

$$R_1 = \frac{2 \times 2}{2+2} = \frac{4}{4} = 1\,〔Ω〕$$

3〔Ω〕と 6〔Ω〕の並列部分の合成抵抗は，

$$R_2 = \frac{3 \times 6}{3+6} = \frac{18}{9} = 2\,〔Ω〕$$

したがって，問題の回路は次のようになる．

```
        6Ω
   ┌───[ ]───┐
 o─┤         ├─o
a  └─[ ]─[ ]─┘  b
    R₁=1Ω R₂=2Ω
```

次に，1〔Ω〕と 2〔Ω〕の直列回路の合成抵抗は，

$R_3 = 1 + 2 = 3\,〔Ω〕$

となるので，次のように書き直すことができる．

—99—

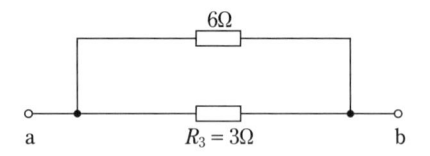

よって，全体の合成抵抗は，

$$R_{ab} = \frac{3 \times 6}{3+6} = 2 \,[\Omega]$$

答　(ロ)

(3)　5 [Ω] と 10 [Ω] の並列部分の合成抵抗は，

$$R = \frac{5 \times 10}{5+10} = \frac{50}{15} = \frac{10}{3} \,[\Omega]$$

したがって，ac 間の全抵抗は，

$$5 + \frac{10}{3} = \frac{15+10}{3} = \frac{25}{3} \,[\Omega]$$

となる．ここで，5 [Ω] の抵抗の電圧が 60 [V] であることより，回路に流れる電流 I は，

$$I = \frac{60}{5} = 12 \,[\text{A}]$$

となるので，ac 間の電圧は，

$$V_{ac} = \frac{25}{3} \times 12 = \frac{25 \times 12}{3} = 100 \,[\text{V}]$$

となる．

答　(ハ)

(4)　20 [Ω] と 30 [Ω] の合成抵抗は，

$$R = \frac{20 \times 30}{20+30} = \frac{600}{50} = 12 \,[\Omega]$$

全体の抵抗は，

$$12 + 8 = 20 \,[\Omega]$$

となるので，端子に流れる電流は，

$$\frac{100}{20} = 5 \,[\text{A}]$$

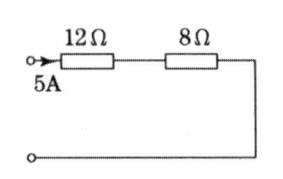

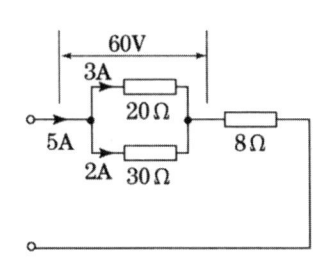

—100—

20〔Ω〕と 30〔Ω〕の合成抵抗部分に加わる電圧は,

$5 \times 12 = 60$〔V〕

となるので, 20〔Ω〕の抵抗に流れる電流は,

$\dfrac{60}{20} = 3$〔A〕

となる.

答　(ロ)

(5)　12〔Ω〕の抵抗には $I_1 = \dfrac{24}{12} = 2$〔A〕, 6〔Ω〕の抵抗には $I_2 = \dfrac{24}{6} = 4$〔A〕の電流が流れるので, 電源から流れ出る電流は,

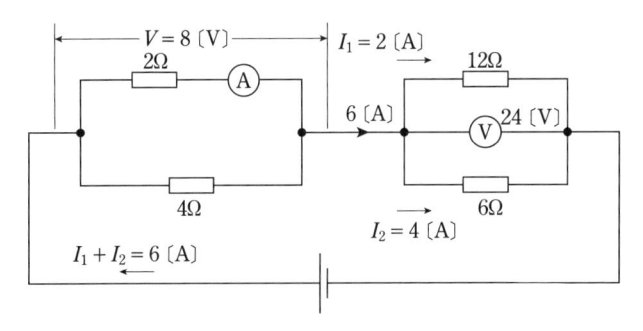

$I_1 + I_2 = 2 + 4 = 6$〔A〕

となる.

ここで, 2〔Ω〕と 4〔Ω〕の合成抵抗は,

$R = \dfrac{2 \times 4}{2+4} = \dfrac{8}{6} = \dfrac{4}{3}$〔Ω〕

となるので, 2〔Ω〕と 4〔Ω〕に加わる電圧は,

$V = R \times (I_1 + I_2) = \dfrac{4}{3} \times 6 = 8$〔V〕

よって, 2〔Ω〕に流れる電流は,

$I = \dfrac{V}{2} = \dfrac{8}{2} = 4$〔A〕

なお, 4〔Ω〕に流れる電流は,

$$I' = \frac{8}{4} = 2 \text{[A]}$$

となる.　　　　　　　　　　　　　　　　　　　　　　　答　(ハ)

〔**問 2 — 1**〕

(1) ①　2　②　3　③　4

(2) ①　$2^2 = 2 \times 2 = 4$　　②　$3^3 = 3 \times 3 \times 3 = 27$

　　③　$10^2 = 10 \times 10 = 100$　　④　$6^2 = 6 \times 6 = 36$

(3) 電流 $I = \dfrac{V}{R}$ 〔A〕

　　消費電力 $P = RI^2 = R \times \left(\dfrac{V}{R}\right)^2 = R \times \dfrac{V^2}{R^2} = \dfrac{V^2}{R}$ 〔W〕

〔**問 2 — 2**〕

(1) $P = RI^2 = R \times I \times I = 6 \times 10 \times 10 = 600$ 〔W〕

　　　　　　　　　　　　　　　　　　　　　　　　　　　答　(ロ)

(2) 10〔Ω〕の抵抗に流れる電流 I は,

$$I = \frac{V}{R} = \frac{100}{10} = 10 \text{[A]}$$

$P = RI^2 = 10 \times 10 \times 10 = 1\,000$ 〔W〕

　　　　　　　　　　　　　　　　　　　　　　　　　　　答　(ニ)

(3) 10〔A〕が流れて端子電圧が 80〔V〕になる抵抗は,

$$R = \frac{80}{10} = 8 \text{[Ω]}$$

$P = RI^2 = 8 \times 10 \times 10 = 800$ 〔W〕

　　　　　　　　　　　　　　　　　　　　　　　　　　　答　(ロ)

(4) 100〔V〕を加えて 4〔A〕が流れる抵抗は,

$$R = \frac{100}{4} = 25 \text{[Ω]}$$

$P = 25 \times 4 \times 4 = 400$ 〔W〕

　　　　　　　　　　　　　　　　　　　　　　　　　　　答　(ハ)

〔**問 2 — 3**〕

(1) $S_1 = \dfrac{\pi D_1^2}{4} = \dfrac{3.14 \times 2 \times 2}{4} = 3.14 \,[\mathrm{mm}^2]$

(2) $S_2 = \dfrac{\pi D_2^2}{4} = \dfrac{3.14 \times 1.6 \times 1.6}{4} = 2.01 \,[\mathrm{mm}^2]$

(3) $\dfrac{S_1}{S_2} = 3.14 \div 2.01 = 1.56 \,[倍]$

〔問 2 — 4〕

(1) 電線の断面積 $S = \dfrac{\pi D^2}{4} = \dfrac{\pi \times 1.6 \times 1.6}{4} = 0.64\pi \,[\mathrm{mm}^2]$

$R = \rho \dfrac{l}{S} = 0.017 \times \dfrac{120}{0.64\pi} = \dfrac{2.04}{2.01} \fallingdotseq 1 \,[\Omega]$

答　(ロ)

(2) 電線の断面積 $S = \dfrac{\pi D^2}{4} = \dfrac{3.14 \times 2 \times 2}{4} = 3.14 \,[\mathrm{mm}^2]$

$R = \rho \dfrac{l}{S} = 0.017 \times \dfrac{200}{3.14} = 1.08 \,[\Omega]$

答　(ロ)

(3) $R = \rho \dfrac{l}{S}$ の式から，断面積 S が 2 [mm²] → 8 [mm²] と 4 倍になると，抵抗は $\dfrac{1}{4}$ になる．また，長さ l が 12 [m] → 96 [m] と 8 倍になると，抵抗も 8 倍になる．

したがって，

$R' = 0.1 \times \dfrac{1}{4} \times 8 = 0.2 \,[\Omega]$

（注）ρ は一定と考えてよい．

答　(ハ)

(4) 直径が 1.6 [mm] → 3.2 [mm] と 2 倍になると，断面積は $S = \dfrac{\pi D^2}{4}$ から 4 倍になり，抵抗は $\dfrac{1}{4}$ になる．

したがって，長さが 4 倍となれば抵抗の値は等しくなるので，

$l = 10 \times 4 = 40$ 〔m〕

答 (二)

(5) 直径が 1.6〔mm〕→ 3.2〔mm〕と 2 倍になると，断面積が 4 倍となり，抵抗は $\frac{1}{4}$ となる．

また，長さが 100〔m〕→ 50〔m〕と $\frac{1}{2}$ になると，抵抗も $\frac{1}{2}$ になる．

したがって，全体としては，B の抵抗は A の抵抗の

$$\frac{R_B}{R_A} = \frac{1}{4} \times \frac{1}{2} = \frac{1}{8} \text{〔倍〕}$$

となる．

よって，A の抵抗は B の抵抗の 8 倍である．

答 (二)

〔問 3 — 1〕
(1) ① 4　　② 5　　③ 6　　④ 7　　⑤ 10
(2) ① 2　　② 3　　③ $\sqrt{2}$　　④ $\sqrt{3}$

〔問 3 — 2〕
(1) ① $\sqrt{2+2} = \sqrt{4} = 2$
　　② $\sqrt{3^2 + 4^2} = \sqrt{25} = 5$
　　③ $5\sqrt{4} = 5 \times 2 = 10$
　　④ $5\sqrt{9+16} = 5\sqrt{25} = 5 \times 5 = 25$
　　⑤ $\frac{100}{\sqrt{64}} = \frac{100}{8} = \frac{25}{2}$
　　⑥ $\frac{100}{\sqrt{3^2+4^2}} = \frac{100}{\sqrt{25}} = \frac{100}{5} = 20$
　　⑦ $\frac{141}{\sqrt{2}} = \frac{141}{1.41} = 100$
　　⑧ $\frac{200}{\sqrt{3}} = \frac{200}{1.73} = 116$

(2) $200\sqrt{2} = 200 \times 1.41 = 282$ 〔V〕

答 (ハ)

(3) 電流の実効値 I は,

$$I = \frac{100}{20} = 5 \,\text{[A]}$$

したがって，電流の最大値 I_m は,
$$I_m = 5\sqrt{2} = 5 \times 1.41 = 7.05 \,\text{[A]}$$

答　(ロ)

〔問 3 — 3〕

(1) インピーダンス $Z = \sqrt{6^2 + 8^2} = \sqrt{100} = 10 \,\text{[Ω]}$

電流 $I = \dfrac{V}{Z} = \dfrac{100}{10} = 10 \,\text{[A]}$

答　(ハ)

(2) インピーダンス $Z = \sqrt{3^2 + 4^2} = \sqrt{25} = 5 \,\text{[Ω]}$

電流 $I = \dfrac{V_0}{Z} = \dfrac{100}{5} = 20 \,\text{[A]}$

抵抗に加わる電圧は,
$$V = RI = 3 \times 20 = 60 \,\text{[V]}$$

答　(ハ)

(3) インピーダンス $Z = \sqrt{8^2 + 6^2} = \sqrt{100} = 10 \,\text{[Ω]}$

電流 $I = \dfrac{V_0}{Z} = \dfrac{100}{10} = 10 \,\text{[A]}$

抵抗に加わる電圧は,
$$V = RI = 8 \times 10 = 80 \,\text{[V]}$$

答　(ニ)

〔問 3 — 4〕

(1) 抵抗だけの回路は，電圧と電流は同じ形の波形となる．

答　(イ)

(2) コイルに流れる電流は電圧が 0 のときに，電流が最大になるように右にずれる．

答 (イ)

(3) コンデンサに流れる電流は，電圧が0のときに，電流が最大になるように左にずれる．

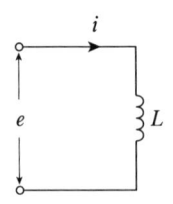

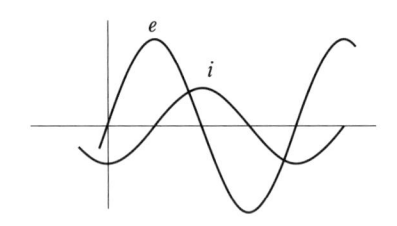

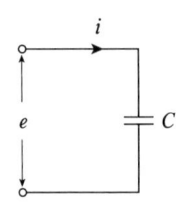

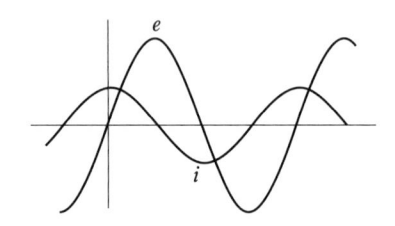

答 (ニ)

〔問3—5〕

(1) 相電圧 $E = \dfrac{200}{\sqrt{3}} = 115$ 〔V〕

電流 $I = \dfrac{115}{20} = 5.8$ 〔A〕

答 (ロ)

(2) 相電圧は，$\dfrac{V}{\sqrt{3}}$ となるので，

$$I = \dfrac{E}{R} = \dfrac{V}{\sqrt{3}R} \quad \therefore \quad I = \dfrac{V}{\sqrt{3}R} \qquad ①$$

①式の両辺に R をかけて，$RI = \dfrac{V}{\sqrt{3}}$ ②

②式の両辺を I で割って，$R = \dfrac{V}{\sqrt{3}I}$

答 (ハ)

(3) 電流は，$I = \dfrac{V}{\sqrt{3}R}$ 〔A〕となるので，全消費電力 P は，

$$P = 3RI^2 = 3 \times R \times \left(\frac{V}{\sqrt{3}R}\right)^2 = 3 \times R \times \frac{V^2}{3R^2} = \frac{V^2}{R} \text{〔W〕}$$

答　(イ)

〔問 3 — 6〕

(1) 20〔Ω〕の抵抗に流れる電流は，

$$I = \frac{200}{20} = 10 \text{〔A〕}$$

全消費電力 P は，

$$P = 3RI^2 = 3 \times 20 \times 10^2 = 6\,000 \text{〔W〕}$$

$1\,000$〔W〕= 1〔kW〕であるから，$P = 6$〔kW〕．

答　(ハ)

(2) 10〔Ω〕に流れる電流は，

$$I = \frac{200}{10} = 20 \text{〔A〕}$$

電流計の指示 I' は，

$$I' = \sqrt{3}\,I = 1.73 \times 20 = 34.6 \text{〔A〕}$$

答　(ニ)

(3) 2〔kW〕の抵抗を R〔Ω〕とすると，

$$RI^2 = R \times \left(\frac{V}{R}\right)^2 = \frac{V^2}{R} = 2\,000$$

$\dfrac{V^2}{R} = 2\,000$ の両辺に R をかけて，

$$V^2 = 2\,000R$$

両辺を $2\,000$ で割って，

$$R = \frac{V^2}{2\,000} = \frac{200 \times 200}{2\,000} = 20 \text{〔Ω〕}$$

抵抗に流れる電流は，$I = \dfrac{200}{20} = 10$〔A〕となるので，

$$I_1 = \sqrt{3}\,I = 1.73 \times 10 = 17.3 \text{〔A〕}$$

ヒューズが溶断した状態（第 1 図）は第 2 図の回路となるので，合成抵抗 R は，

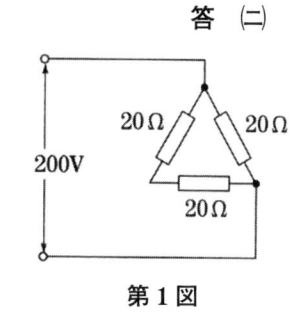

$$R = \frac{40 \times 20}{40 + 20} = \frac{800}{60} = \frac{40}{3} \, [\Omega]$$

電流 I_2 は,

$$I_2 = \frac{V}{R} = 200 \div \frac{40}{3} = 200 \times \frac{3}{40}$$
$$= \frac{600}{40} = 15 \, [A]$$

第 2 図

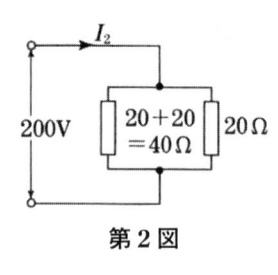

答 (イ)

(4) 8 〔Ω〕の抵抗と 6 〔Ω〕のコイルが直列につながれた回路のインピーダンスは,

$$Z = \sqrt{8^2 + 6^2} = \sqrt{100} = 10 \, [\Omega]$$

これに加わっている電圧は $V = 200$ 〔V〕であるから, 8 〔Ω〕の抵抗に流れる電流は,

$$I = \frac{200}{10} = 20 \, [A]$$

8 〔Ω〕の抵抗の消費電力は,

$$P = RI^2 = 8 \times 20 \times 20 = 3\,200 \, [W]$$

三相回路の消費電力はこの 3 倍になるので,

$$3P = 3\,200 \times 3 = 9\,600 \, [W] = 9.6 \, [kW]$$

答 (ニ)

〔問 4 — 1〕

(1) $\dfrac{A}{C} + \dfrac{B}{C} = \dfrac{A+B}{C}$

(2) $\dfrac{B}{A} + \dfrac{C}{3A} = \dfrac{3B}{3A} + \dfrac{C}{3A} = \dfrac{3B+C}{3A}$

(3) $\dfrac{B}{2A} - \dfrac{B}{3A} = \dfrac{3B}{6A} - \dfrac{2B}{6A} = \dfrac{3B-2B}{6A} = \dfrac{B}{6A}$

(4) $\dfrac{BC}{A} \times \dfrac{B}{C} = \dfrac{B\not{C} \times B}{A\not{C}} = \dfrac{B \times B}{A} = \dfrac{B^2}{A}$

(5) $\dfrac{1}{A} + \dfrac{1}{B} = \dfrac{B}{AB} + \dfrac{A}{AB} = \dfrac{A+B}{AB}$

(6) $\dfrac{1}{\dfrac{1}{A}+\dfrac{1}{B}} = \dfrac{1}{\dfrac{B}{AB}+\dfrac{A}{AB}} = \dfrac{1}{\dfrac{A+B}{AB}} = 1 \times \dfrac{AB}{A+B} = \dfrac{AB}{A+B}$

〔問4－2〕

(1) $R' = \dfrac{R \times 2R}{R+2R} = \dfrac{2R^2}{3R} = \dfrac{2R}{3}$

　　　　　　　　　　　　　　　　　　　　　　　　　答　(ハ)

(2) $R = \rho \dfrac{l}{S} = \rho \cdot \dfrac{l}{\dfrac{\pi D^2}{4}} = \dfrac{\rho l}{\dfrac{\pi D^2}{4}}$ ①

①式の分母・分子に 4 をかけると，

$R = \dfrac{4\rho l}{\pi D^2}$

　　　　　　　　　　　　　　　　　　　　　　　　　答　(イ)

(3) $Z = \sqrt{R^2 + X^2}$ 〔Ω〕

$I = \dfrac{E}{Z} = \dfrac{E}{\sqrt{R^2+X^2}}$ 〔A〕

$P = RI^2 = R \times \dfrac{E^2}{\left(\sqrt{R^2+X^2}\right)^2} = \dfrac{RE^2}{R^2+X^2}$

　　　　　　　　　　　　　　　　　　　　　　　　　答　(ニ)

(4) $I = \dfrac{\dfrac{E}{\sqrt{3}}}{R}$ ①

①式の分母・分子に $\sqrt{3}$ をかけて，

$I = \dfrac{\dfrac{E}{\sqrt{3}} \times \sqrt{3}}{R \times \sqrt{3}} = \dfrac{E}{\sqrt{3}R}$ 〔A〕

　　　　　　　　　　　　　　　　　　　　　　　　　答　(ニ)

(5) $I = \sqrt{3} \times \dfrac{E}{R} = \dfrac{\sqrt{3}E}{R}$

　　　　　　　　　　　　　　　　　　　　　　　　　答　(ハ)

(6) r の消費電力が1線の電力損失となるので,三相全体では,

$$P_l = 3 \times r \times I \times I = 3rI^2 \text{ [W]}$$

答 (イ)

〔問4－3〕

(1) 抵抗率を ρ とすると,

Aの抵抗 $\quad R_A = \rho \dfrac{l_A}{S_A} = \dfrac{100\rho}{\dfrac{\pi \times 1.6^2}{4}} = \dfrac{400\rho}{\pi \times 1.6^2}$

Bの抵抗 $\quad R_B = \rho \dfrac{l_B}{S_B} = \dfrac{200\rho}{8}$

$\dfrac{R_B}{R_A} = \dfrac{200\rho}{8} \div \dfrac{400\rho}{\pi \times 1.6^2} = \dfrac{200\rho}{8} \times \dfrac{\pi \times 1.6^2}{400\rho} = \dfrac{\pi \times 1.6^2}{16}$

$\quad = 0.502 \fallingdotseq \dfrac{1}{2} \text{ [倍]}$

答 (ロ)

(2) もとの長さを l_0,直径を d_0 とすると,電線の体積 V は,

$$V = (断面積) \times (長さ) = \dfrac{\pi d_0^2}{4} \times l_0 = \dfrac{\pi d_0^2 l_0}{4} \quad ①$$

直径を2分の1にしたときの長さを l とすれば,

$$V = \dfrac{\pi \times \left(\dfrac{d_0}{2}\right)^2 \times l}{4} = \dfrac{\dfrac{\pi d_0^2 l}{4}}{4} = \dfrac{\pi d_0^2 l}{16} \quad ②$$

① = ②であるから,

$$\dfrac{\pi d_0^2 l_0}{4} = \dfrac{\pi d_0^2 l}{16}$$

両辺に16をかけて,$4\pi d_0^2 l_0 = \pi d_0^2 l$

両辺を πd_0^2 で割って,$l = 4l_0$

もとの抵抗 R_0 は,

$$R_0 = \rho \dfrac{l_0}{S_0} = \dfrac{\rho l_0}{\dfrac{\pi d_0^2}{4}} = \dfrac{4\rho l_0}{\pi d_0^2}$$

直径を2分の1にしたときの抵抗 R は，

$$R = \rho \cdot \frac{4l_0}{\frac{\pi}{4} \times \left(\frac{d_0}{2}\right)^2} = \frac{4\rho l_0}{\frac{\pi d_0^2}{16}} = \frac{64\rho l_0}{\pi d_0^2}$$

$$\frac{R}{R_0} = \frac{64\rho l_0}{\pi d_0^2} \div \frac{4\rho l_0}{\pi d_0^2} = \frac{64\rho l_0}{\pi d_0^2} \times \frac{\pi d_0^2}{4\rho l_0} = \frac{64}{4} = 16 \text{〔倍〕}$$

答　(ニ)

(3) ヒューズ溶断前の消費電力 P は，

$$P = 3RI^2 = 3R \times \left(\frac{V}{R}\right)^2 = \frac{3RV^2}{R^2} = \frac{3V^2}{R}$$

ヒューズ溶断後の回路は右図のようになるので，

合成抵抗 $R' = \dfrac{2R \times R}{2R + R} = \dfrac{2R}{3}$

流れる電流 $I' = \dfrac{V}{R'} = \dfrac{V}{\frac{2R}{3}} = V \times \dfrac{3}{2R} = \dfrac{3V}{2R}$

消費電力 $P' = R'(I')^2 = \dfrac{2R}{3} \times \left(\dfrac{3V}{2R}\right)^2 = \dfrac{18RV^2}{12R^2} = \dfrac{3V^2}{2R}$

$$\frac{P'}{P} = \frac{3V^2}{2R} \div \frac{3V^2}{R} = \frac{3V^2}{2R} \times \frac{R}{3V^2} = \frac{1}{2} \text{〔倍〕}$$

答　(ロ)

(4) 単相2線式に流れる電流を I〔A〕とすると，負荷の電力 P は，

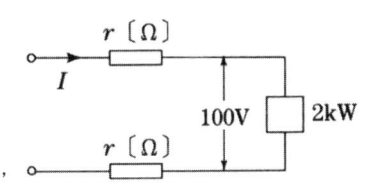

$$P = VI\cos\theta \text{〔W〕}$$

電熱器の力率 $\cos\theta = 1$ であるので，

$$P = VI \text{〔W〕}$$

この式に与えられた数値を代入すると，

$$2\,000 = 100I$$

$$I = \frac{2\,000}{100} = 20 \text{〔A〕}$$

1線の電路の抵抗を r〔Ω〕とすると，電路の電力損失 P_l は，

$$P_l = 2 \times rI^2 = 2 \times r \times 20^2 = 800r \text{〔W〕}$$

—111—

単相3線式の1〔kW〕の電熱器に流れる電流 I' は，$P = VI'\cos\theta$ より，

$1\,000 = 100 \times I' \times 1$

$I' = \dfrac{1\,000}{100} = 10\,\text{〔A〕}$

この電流は両外線に流れ，中性線の電流は0であるので，電路の電力損失 P_l' は，

$P_l' = 2 \times r(I')^2 = 2 \times r \times 10^2 = 200r\,\text{〔W〕}$

$\dfrac{P_l'}{P_l} = \dfrac{200r}{800r} = \dfrac{1}{4}\,\text{〔倍〕}$

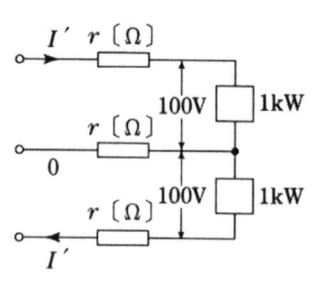

答　(ニ)

〔問5—1〕

(1) 2　　(2) 3　　(3) −2　　(4) −6　　(5) −3　　(6) 3

〔問5—2〕

(1) $E = IR = 5 \times 10^{-3} \times 2 \times 10^3 = 5 \times 2 \times 10^{-3+3}$
$= 10 \times 10^0 = 10 \times 1 = 10\,\text{〔V〕}$

答　(ハ)

(2) $R = \dfrac{V}{I} = \dfrac{100}{2 \times 10^{-3}} = \dfrac{50}{10^{-3}} = 50 \times 10^3 = 5 \times 10 \times 10^3$
$= 5 \times 10^{1+3} = 5 \times 10^4\,\text{〔Ω〕}$

答　(ハ)

〔問5—3〕

(ア) 3　(イ) 6　(ウ) 3　(エ) −6　(オ) 2　(カ) 3　(キ) 3

〔問5—4〕

(1) 〔W〕×〔s〕=〔J〕（〔ワット〕×〔秒〕=〔ジュール〕）であるから，

$Q = 500\,\text{〔W〕} \times 90\,\text{〔分〕} = 500\,\text{〔W〕} \times 90 \times 60\,\text{〔s〕}$
$= 2\,700 \times 10^3\,\text{〔J〕} = 2\,700\,\text{〔kJ〕}$

答　(ニ)

(2) $P = RI^2 = 0.5 \times 10^2 = 50\,\text{〔W〕}$

$Q = 50\,\text{〔W〕} \times 1\,\text{〔h〕} = 50\,\text{〔W〕} \times 3\,600\,\text{〔秒〕}$
$= 180 \times 10^3\,\text{〔J〕} = 180\,\text{〔kJ〕}$

答　(イ)

(3)　白熱電球の消費電力の合計は，

　　$P_1 = 4 \times 100 = 400$ 〔W〕

電動機の消費電力は，

　　$P_2 = VI \cos \theta = 100 \times 5 \times 0.8 = 400$ 〔W〕

全体の消費電力は，

　　$P = P_1 + P_2 = 400 + 400 = 800$ 〔W〕

消費電力量は，10日間 $= 10 \times 24 = 240$ 〔h〕より，

　　$W = 800$ 〔W〕$\times 240$ 〔h〕

　　　$= 8 \times 24 \times 10^3$ 〔W·h〕

　　　$= 8 \times 24$ 〔kW·h〕

　　　$= 192$ 〔kW·h〕

答　(ロ)

(4)　消費電力 $P = \sqrt{3} \, VI \cos \theta = 1.73 \times 200 \times 15 \times 0.8$

　　　　　　　$= 4\,150$ 〔W〕$= 4.15$ 〔kW〕

　1か月の使用時間 $t = 4 \times 30 = 120$ 〔h〕

　消費電力量 $W = Pt = 4.15 \times 120 = 498$ 〔kW·h〕

答　(ロ)

(5)　消費電力 P は，$P = VI \cos \theta$ で表される．

ここで，抵抗負荷の力率は $\cos \theta = 1$ であるから，

　　$P = VI$

これに，$P = 2$〔kW〕$= 2 \times 10^3$ 〔W〕，$V = 200$ 〔V〕を代入して，

　　$2 \times 10^3 = 200 I$　　∴　$I = 10$ 〔A〕

200〔V〕加えて，10〔A〕流れる抵抗 R は，

　　$R = \dfrac{200}{10} = 20$ 〔Ω〕

100〔V〕を加えたときに流れる電流 I' は，

　　$I' = \dfrac{100}{20} = 5$ 〔A〕

　消費電力 $P' = R(I')^2 = 20 \times 5^2 = 500$ 〔W〕$= 0.5$ 〔kW〕

　消費電力量 $W = P't = 0.5 \times 8 = 4$ 〔kW·h〕

答　(ロ)

(6) 絶縁抵抗 $R = 0.1 \times 10^6$ 〔Ω〕

漏えい電流 $I = \dfrac{V}{R} = \dfrac{200}{0.1 \times 10^6} = 2\,000 \times 10^{-6}$
　　　　　　　　$= 2 \times 10^{-3}$ 〔A〕$= 2$ 〔mA〕

答　(ロ)

〔問 6 — 1〕

(1) 両辺に 3 を加えて，$x - 3 + 3 = 4 + 3$　　∴　$x = 7$

(2) 両辺から 4 を引いて，$x + 4 - 4 = 6 - 4$　　∴　$x = 2$

(3) 両辺に 3 をかけて，$\dfrac{x}{3} \times 3 = 2 \times 3$　　∴　$x = 6$

(4) 両辺を 10 で割って，$10x \div 10 = 20 \div 10$　　∴　$x = 2$

(5) 両辺に 3 を加えて，$2x = 12$，両辺を 2 で割って　$x = 6$

(6) 両辺に 4 を加えて，$3x = 9$，両辺を 3 で割って　$x = 3$

〔問 6 — 2〕

(1) 左辺の -3 を右辺に移項して，$2x = 4$，両辺を 2 で割って，
　$x = 2$

(2) 左辺の $-5x$ を右辺に，右辺の -8 を左辺にそれぞれ移項して，
　$2 + 8 = 5x$，両辺を 5 で割って　$x = 2$

(3) 両辺に 3 をかけて，$x - 3 = 2$，-3 を右辺に移項して，
　$x = 5$

(4) -6 を右辺に，$2x$ を左辺に移項して，$4x - 2x = -2 + 6$，$2x = 4$，
　両辺を 2 で割って　$x = 2$

(5) $(x + 2)$ を X とすると，$8 = 2X - 2$，-2 を左辺に移項して，
　$2X = 8 + 2 = 10$，両辺を 2 で割って，$X = 5$，X に $(x + 2)$ をあて
　はめて，$x + 2 = 5$，2 を右辺に移項して　$x = 3$

〔問 6 — 3〕

(1) 抵抗を R 〔Ω〕とすると，流れる電流 I は，

$I = \dfrac{100}{R}$ 〔A〕

消費電力 P は，白熱電球の力率が 1 であることより，

$P = VI\cos\theta = VI$ 〔W〕

与えられた数値を代入して,

$$100 = 100 \times \left(\frac{100}{R}\right)$$

両辺に R をかけて, $100R = 100 \times 100$

両辺を 100 で割って, $R = 100$ 〔Ω〕

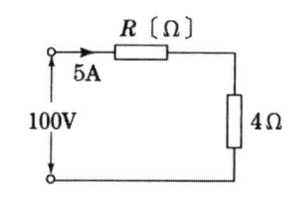

答 (ハ)

(2) 20〔Ω〕と 5〔Ω〕の合成抵抗 r は,

$$r = \frac{20 \times 5}{20 + 5} = \frac{100}{25} = 4\,〔Ω〕$$

よって, $100 = 5(R + 4)$

両辺を 5 で割って, $20 = R + 4$

4 を移項して, $R = 20 - 4 = 16$ 〔Ω〕

答 (ハ)

(3) 10〔Ω〕と 40〔Ω〕の合成抵抗 r は,

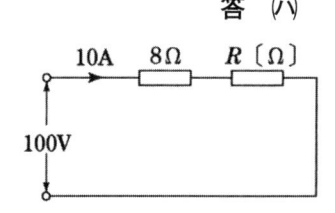

$$r = \frac{10 \times 40}{10 + 40} = \frac{400}{50} = 8\,〔Ω〕$$

よって,

$100 = 10(8 + R)$

両辺を 10 で割って, $8 + R = 10$

8 を移項して, $R = 10 - 8 = 2$ 〔Ω〕

消費電力 $P = RI^2 = 2 \times 10^2 = 200$ 〔W〕

答 (ニ)

(4) 電圧計が最大表示をするときの電流 I は,

$$I = \frac{150}{120 \times 10^3} = 1.25 \times 10^{-3}\,〔A〕$$

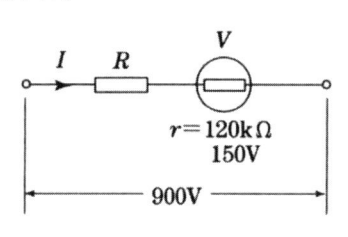

よって,

$1.25 \times 10^{-3}(R + r) = 900$

両辺を 1.25×10^{-3} で割って,

$$R + r = \frac{900}{1.25 \times 10^{-3}} = \frac{900}{1.25} \times 10^3 = 720 \times 10^3\,〔Ω〕$$

—115—

$r = 120 \times 10^3$ 〔Ω〕より,

$R + 120 \times 10^3 = 720 \times 10^3$

120×10^3 を移項して,

$R = 720 \times 10^3 - 120 \times 10^3 = 600 \times 10^3$ 〔Ω〕$= 600$ 〔kΩ〕

答　(ロ)

(5)　A_2 の内部抵抗を r 〔Ω〕とすると,r 〔Ω〕と 0.05 〔Ω〕の両端の電圧は等しいので,

$8 \times r = 20 \times 0.05$

$8r = 1$

両辺を 8 で割って,

$r = 1 \div 8 = 0.125$ 〔Ω〕

答　(ハ)

〔問 6 — 4〕

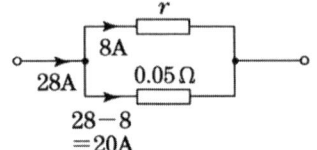

(1)　抵抗率を ρ 〔Ω·mm²/m〕とすると,直径 1.6 〔mm〕の電線の抵抗 R は,

$$R = \rho \frac{l}{S} = \frac{\rho \times 200}{\frac{\pi \times 1.6^2}{4}} = \frac{800\rho}{\pi \times 1.6^2}$$

直径 3.2 〔mm〕の電線の長さを L 〔m〕とすると,抵抗 R' は,

$$R' = \frac{4\rho L}{\pi \times 3.2^2}$$

$R = R'$ であるから,

$$\frac{800\rho}{\pi \times 1.6^2} = \frac{4\rho L}{\pi \times 3.2^2}$$

両辺に $\dfrac{\pi}{\rho}$ をかけて,

$$\frac{800}{1.6^2} = \frac{4L}{3.2^2}$$

両辺に $\dfrac{3.2^2}{4}$ をかけて,

$$L = \frac{800}{1.6^2} \times \frac{3.2^2}{4} = 800 \text{ (m)}$$

答 (二)

(2) $P = VI\cos\theta$ [W] に $P = 2.0$ [kW] $= 2\,000$ [W], $V = 200$ [V], $\cos\theta = 80$ [%] $= 0.8$ を代入すると,

$2\,000 = 200 \times I \times 0.8$

$2\,000 = 160 \times I$

両辺を 160 で割って,

$$I = \frac{2\,000}{160} = 12.5 \text{ (A)}$$

答 (二)

(3) $P = VI\cos\theta$ より,

$6\,000 = 200 \times I \times 0.6 = 120I$

両辺を 120 で割って,

$$I = \frac{6\,000}{120} = 50 \text{ (A)}$$

力率が 85 [%] のときの電流を I' とすると,

$6\,000 = 200 \times I' \times 0.85 = 170I'$

両辺を 170 で割って,

$$I' = \frac{6\,000}{170} = \frac{600}{17}$$

したがって,

$$\frac{I}{I'} = 50 \div \frac{600}{17} = 50 \times \frac{17}{600} = \frac{850}{600} = 1.41$$

答 (二)

(4) 三相電力は, $P = \sqrt{3}\,VI\cos\theta$ より,

$10\,000 = \sqrt{3} \times 200 \times I \times 0.8 = 160\sqrt{3}\,I$

両辺を $160\sqrt{3}$ で割って,

$$I = \frac{10\,000}{160\sqrt{3}} = \frac{10\,000}{160 \times 1.73} = 36 \text{ (A)}$$

答 (ロ)

〔問 6 ─ 5〕

(1) ① $x = \sqrt{2}$ ② $x = \sqrt{3}$ ③ $x = \sqrt{4} = 2$
    ④ $x = \sqrt{9} = 3$ ⑤ $x = \sqrt{25} = 5$

(2) $\dfrac{\pi}{4}D^2 = 8$，両辺に $\dfrac{4}{\pi}$ をかけて，

$$D^2 = \dfrac{8 \times 4}{\pi} = \dfrac{32}{\pi} = \dfrac{32}{3.14} = 10.2$$

$$D = \sqrt{10.2} = 3.2 \,[\text{mm}]$$

答 (イ)

(3) 軟銅線の抵抗 R は，長さを l [m]，抵抗率を ρ [Ω·mm²/m] として，

$$R = \rho \dfrac{l}{S} = \dfrac{\rho l}{\dfrac{\pi \times 4^2}{4}} = \dfrac{\rho l}{4\pi} \,[\Omega]$$

アルミ線の抵抗率は，$\dfrac{\rho}{0.64} = 1.56\rho$ [Ω·mm²/m] となるので，アルミ線の直径を D [mm] として，抵抗 R' は，

$$R' = \dfrac{1.56\rho l}{\dfrac{\pi D^2}{4}} = \dfrac{4 \times 1.56\rho l}{\pi D^2} = \dfrac{6.24\rho l}{\pi D^2}$$

$R = R'$ であるから，

$$\dfrac{\rho l}{4\pi} = \dfrac{6.24\rho l}{\pi D^2}$$

両辺に $\dfrac{\pi}{\rho l}$ をかけて，$\dfrac{1}{4} = \dfrac{6.24}{D^2}$

両辺に $4D^2$ をかけて，$D^2 = 6.24 \times 4 = 25$

$$D = \sqrt{25} = 5 \,[\text{mm}]$$

答 (ロ)

(4) $Z = \sqrt{R^2 + X^2}$ に $Z = 10$ [Ω]，$X = 6$ [Ω] を代入すると，

$$10 = \sqrt{R^2 + 6^2}$$

両辺を 2 乗して，

$$100 = R^2 + 36$$

$R^2 = 100 - 36 = 64$

$R = \sqrt{64} = 8 \, [\Omega]$

答　(ハ)

〔問 7 — 1〕

(1)　$\sin 53.1° = \dfrac{4}{5} = 0.8$　　$\cos 53.1° = \dfrac{3}{5} = 0.6$　　$\tan 53.1° = \dfrac{4}{3}$

(2)　$\sin 45° = \dfrac{1}{\sqrt{2}}$　　$\cos 45° = \dfrac{1}{\sqrt{2}}$　　$\tan 45° = \dfrac{1}{1} = 1$

(3)　$\sin 30° = \dfrac{1}{2} = 0.5$　　$\cos 30° = \dfrac{\sqrt{3}}{2}$　　$\tan 30° = \dfrac{1}{\sqrt{3}}$

〔問 7 — 2〕

(1)　$10^2 = 8^2 + c^2$　　$c^2 = 10^2 - 8^2 = 36$　　∴　$c = \sqrt{36} = 6$

(2)　$2^2 = 1^2 + c^2$　　$c^2 = 2^2 - 1^2 = 3$　　∴　$c = \sqrt{3}$

(3)　$2^2 = (\sqrt{2})^2 + c^2$　　$c^2 = 2^2 - (\sqrt{2})^2 = 4 - 2 = 2$　　∴　$c = \sqrt{2}$

〔問 7 — 3〕

(1)　$P = VI \cos\theta = S \cos\theta$ より，

　$80 = 100 \cos\theta$

∴　$\cos\theta = \dfrac{80}{100} = 0.8$

答　(ニ)

(2)　インピーダンスは，$Z = \sqrt{12^2 + 16^2} = \sqrt{400} = 20 \, [\Omega]$

電流は，$I = \dfrac{V}{Z} = \dfrac{100}{20} = 5 \, [A]$

皮相電力は，$S = VI = 100 \times 5 = 500 \, [V \cdot A]$

消費電力は，$P = RI^2 = 12 \times 5^2 = 300 \, [W]$

力率は，$\cos\theta = \dfrac{P}{S} = \dfrac{300}{500} = 0.6 \, (= 60 \, [\%])$

答　(ハ)

(3)　インピーダンスは，$Z = \sqrt{3^2 + 4^2} = 5 \, [\Omega]$

電圧を V とすると，電流は，$I = \dfrac{V}{5}$

皮相電力は，$S = VI = V \times \dfrac{V}{5} = \dfrac{V^2}{5}$

消費電力は，$P = RI^2 = 3 \times \left(\dfrac{V}{5}\right)^2 = \dfrac{3V^2}{25}$

力率は，$\cos\theta = \dfrac{P}{S} = \dfrac{\dfrac{3V^2}{25}}{\dfrac{V^2}{5}} = \dfrac{3V^2}{25} \times \dfrac{5}{V^2} = \dfrac{3}{5}$

$ = 0.6 \ (= 60 \,[\%])$

答　(ロ)

【別解】 右図の回路で，

電流 $I = \dfrac{V}{Z}$

皮相電力 $S = VI = \dfrac{V^2}{Z}$

消費電力 $P = RI^2 = \dfrac{RV^2}{Z^2}$

力率 $\cos\theta = \dfrac{P}{S} = \dfrac{RV^2}{Z^2} \times \dfrac{Z}{V^2} = \dfrac{R}{Z}$

となるので，

$$\cos\theta = \dfrac{R}{Z} = \dfrac{3}{\sqrt{3^2 + 4^2}} = \dfrac{3}{5} = 0.6$$

と計算してもよい．

(4) 電流 $I = \dfrac{V}{Z} = \dfrac{100}{\sqrt{8^2 + 6^2}} = \dfrac{100}{10} = 10 \,[\text{A}]$

皮相電力 $S = VI = 100 \times 10 = 1\,000 \,[\text{V·A}]$

消費電力 $P = RI^2 = 8 \times 10^2 = 800 \,[\text{W}]$

力率 $\cos\theta = \dfrac{P}{S} = \dfrac{800}{1\,000} = 0.8 \ (= 80 \,[\%])$

答　(ニ)

(5) 電圧を $V\,[\text{V}]$ とすると，

皮相電力 $S = IV = V \times 10 = 10V$ 〔V·A〕

抵抗を R 〔Ω〕とすると，$\dfrac{V}{R} = 6$ 〔A〕より，

$R = \dfrac{V}{6}$ 〔Ω〕

よって，消費電力は，

$P = RI_R^2 = \dfrac{V}{6} \times 6^2 = 6V$ 〔W〕

$\cos\theta = \dfrac{P}{S} = \dfrac{6V}{10V} = 0.6 = 60$ 〔%〕

答　(ロ)

〔問7－4〕
(1) 図の直角三角形の関係から，
$I = \sqrt{8^2 + 6^2} = \sqrt{100} = 10$ 〔A〕

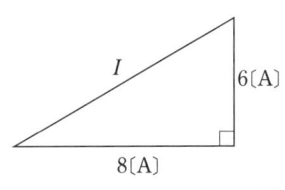

答　(ロ)

(2) コンデンサに流れる電流は，コイルに流れる電流の逆方向に考えて，
$I = \sqrt{8^2 + 6^2} = \sqrt{100} = 10$ 〔A〕

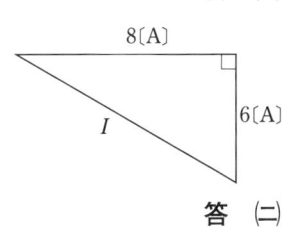

答　(ニ)

(3) $I = \sqrt{I_R^2 + (I_L - I_C)^2}$
で $I_R = 0$ の場合には，
$I = I_L - I_C$
とすればよいので，
$I = 8 - 6 = 2$ 〔A〕

答　(イ)

〔問7－5〕
(1) 右図のように電流が流れるので，電圧降下 e は，
$e = 2 \times 0.1 \times 15 + 2 \times 0.4 \times 5$
$= 3 + 4 = 7$ 〔V〕

ab 間の電圧 V_{ab} は,

$V_{ab} = 105 - e = 105 - 7$
$= 98 \text{[V]}$

答 (イ)

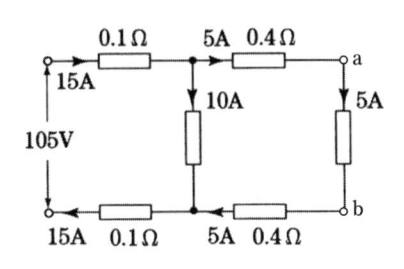

(2) 流れる電流 I は,

$I = \dfrac{106}{10 + 2 \times 0.3} = \dfrac{106}{10.6} = 10 \text{[A]}$

電圧降下 $e = 2 \times 0.3 \times 10 = 6 \text{[V]}$

c, d 間の電圧 V_{cd} は,

$V_{cd} = 106 - e = 106 - 6 = 100 \text{[V]}$

答 (ハ)

(3) 中性線に流れる電流は 0 [A] であるので,

$V_{AB} = e + 100 = 0.2 \times 5 + 100 = 101 \text{[V]}$
$V_{BC} = e + 100 = 0.2 \times 5 + 100 = 101 \text{[V]}$

答 (ロ)

(4) 右図のように電流が流れるので, B, C 間の電圧 V_{BC} は,

$V_{BC} = 105 - 30 \times 0.1 + 10 \times 0.1$
$= 103 \text{[V]}$

答 (ハ)

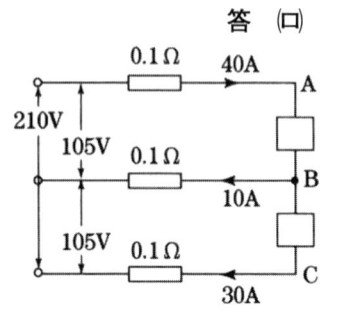

【参考】 A, B 間の電圧は,

$V_{AB} = 105 - 0.1 \times 40 - 0.1 \times 10 = 100 \text{[V]}$

(5) 電圧降下 e は, $X = 0$, $\cos\theta = 1$ であるので,

$e = \sqrt{3} I(R\cos\theta + X\sin\theta) = \sqrt{3} IR\cos\theta = \sqrt{3} IR$
$= \sqrt{3} \times 30 \times 0.2 = 10.38 \text{[V]}$

電源の電圧 $V = e + 200 = 10.38 + 200 \fallingdotseq 210 \text{[V]}$

答 (ロ)

―― 著者略歴 ――
石橋　千尋（いしばし　ちひろ）
昭和26年　静岡県島田市に生まれる．
昭和50年　東北大学工学部電気工学科卒
昭和50年　日本ガイシ株式会社入社
昭和52年　第1種電気主任技術者試験合格
昭和58年　技術士（電気・電子部門）
平成10年　石橋技術士事務所設立

© Chihiro Ishibashi 2008

改訂新版　第1・2種電気工事士のためのやさしい数学

1992年12月15日　　第1版第1刷発行
2008年 4月25日　　改訂第1版第1刷発行
2020年 5月26日　　改訂第1版第7刷発行

著　者　　石　橋　千　尋
　　　　　（いし　ばし　ち　ひろ）
発行者　　田　中　　聡

発　行　所
株式会社　電気書院
ホームページ　www.denkishoin.co.jp
（振替口座　00190-5-18837）
〒101-0051　東京都千代田区神田神保町1-3 ミヤタビル2F
電話(03)5259-9160／FAX(03)5259-9162

印刷　株式会社シナノパブリッシングプレス
Printed in Japan ／ ISBN978-4-485-20858-8

- 落丁・乱丁の際は，送料弊社負担にてお取り替えいたします．
- 正誤のお問合せにつきましては，書名・版刷を明記の上，編集部宛に郵送・FAX（03-5259-9162）いただくか，当社ホームページの「お問い合わせ」をご利用ください．電話での質問はお受けできません．また，正誤以外の詳細な解説・受験指導は行っておりません．

JCOPY　〈出版者著作権管理機構　委託出版物〉

本書の無断複写（電子化含む）は著作権法上での例外を除き禁じられています．複写される場合は，そのつど事前に，出版者著作権管理機構（電話：03-5244-5088，FAX：03-5244-5089，e-mail：info@jcopy.or.jp）の許諾を得てください．また本書を代行業者等の第三者に依頼してスキャンやデジタル化することは，たとえ個人や家庭内での利用であっても一切認められません．

［本書の正誤に関するお問い合せ方法は，最終ページをご覧ください］

書籍の正誤について

万一，内容に誤りと思われる箇所がございましたら，以下の方法でご確認いただきますようお願いいたします．

なお，正誤のお問合せ以外の書籍の内容に関する解説や受験指導などは**行っておりません**．このようなお問合せにつきましては，お答えいたしかねますので，予めご了承ください．

正誤表の確認方法

最新の正誤表は，弊社Webページに掲載しております．「キーワード検索」などを用いて，書籍詳細ページをご覧ください．

正誤表があるものに関しましては，書影の下の方に正誤表をダウンロードできるリンクが表示されます．表示されないものに関しましては，正誤表がございません．

弊社Webページアドレス
http://www.denkishoin.co.jp/

正誤のお問合せ方法

正誤表がない場合，あるいは当該箇所が掲載されていない場合は，書名，版刷，発行年月日，お客様のお名前，ご連絡先を明記の上，具体的な記載場所とお問合せの内容を添えて，下記のいずれかの方法でお問合せください．
回答まで，時間がかかる場合もございますので，予めご了承ください．

郵便で問い合わせる
郵送先　〒101-0051
東京都千代田区神田神保町1-3
ミヤタビル2F
㈱電気書院　出版部　正誤問合せ係

FAXで問い合わせる
ファクス番号　03-5259-9162

ネットで問い合わせる
弊社Webページ右上の「**お問い合わせ**」から
http://www.denkishoin.co.jp/

お電話でのお問合せは，承れません

(2015年10月現在)